答えはミシンめで切りはなすこともできるからね!!

「答え」は105～116ページだよ

回数メーター
→ 5 10 15 20 25 30 35 40 45 50

MEMO

3年生のふく習 (1)

第 1 回

月 日 (時 分 ～ 時 分)

なまえ

点 / 100点

1 次の計算をしましょう。 ▶4問×10点【計40点】

(1)
```
    3 8
×   4 3
```

(2)
```
    2 7
×   7 5
```

(3)
```
    1 6 7
×     3 2
```

(4)
```
    3 8 1
×     4 3
```

2 次の問いに答えましょう。 ▶2問×10点【計20点】

(1) 1こ135円のりんごと，1こ75円のみかんを買いました。代金は何円ですか。

答 _____ 円

(2) ある学校の人数は625人です。男子の人数が318人のとき，女子の人数は何人ですか。

答 _____ 人

3 次の問いに答えましょう。 ▶2問×10点【計20点】

(1) 1こ48円のあめ玉を8こ買いました。代金は何円ですか。

答　　　　　　　円

(2) ボールペン1本が165円で売っています。このボールペンを1ダース買いました。代金は何円ですか。

答　　　　　　　円

4 次の問いに答えましょう。 ▶2問×10点【計20点】

(1) 1まい58円の画用紙を24まいと，1本224円のサインペンを16本買いました。代金は何円ですか。

答　　　　　　　円

(2) 1こ37円のあめ玉を24こ買って，1000円札を出しました。おつりは何円ですか。

答　　　　　　　円

まとめ 3年生のふく習だね。
たし算，ひき算，かけ算のくり上がり，くり下がりに注意して解いてみよう。

3年生のふく習 (2)

月　日（　時　分〜　時　分）

なまえ

点
／100点

1 次の計算をしましょう。 ▶2問×10点【計20点】

(1) $64 \div 8 =$

(2) $50 \div 6 =$ あまり

2 次の問いに答えましょう。 ▶4問×10点【計40点】

(1) 42まいの色紙を，6人で同じ数ずつ分けました。1人分は何まいになりますか。

答　　　　　まい

(2) 63本のえんぴつを，7人で同じ数ずつ分けました。1人分は何本になりますか。

答　　　　　本

(3) えんぴつが42本あります。1人に7本ずつ分けると，何人に分けられますか。

答　　　　　人

(4) 35cmのテープがあります。1人に5cmずつ切ると，5cmのテープは何本取れますか。

答　　　　　本

3 次の問いに答えましょう。　　　　　　　　　　　▶2問×10点【計20点】

(1) 35このあめを，6人で同じ数ずつ分けると，1人分は何こになりますか。また，何こあまりますか。

答 ＿＿＿＿こ，あまり＿＿＿＿こ

(2) 40このみかんを，1人に6こずつ分けると，何人に分けることができますか。また，何こあまりますか。

答 ＿＿＿＿人，あまり＿＿＿＿こ

4 次の問いに答えましょう。　　　　　　　　　　　▶2問×10点【計20点】

(1) リボンが62本あります。このリボンを1人7本ずつ配ったところ，6本あまりました。何人に配りましたか。

答 ＿＿＿＿人

(2) チョコレートが10まい入った箱が5箱あります。このチョコレートを1人7まいずつ配りました。何人に配れて，何まいあまりますか。

答 ＿＿＿＿人，あまり＿＿＿＿まい

まとめ　3年生のふく習だね。
わり算のあまりは，わる数より小さい数になることに注意してね。

3年生のふく習 (3)

1 次の問いに答えましょう。

▶7問×8点【計56点】

(1) 0.7は, 0.1を [　　　] こ集めた数です。

(2) 2.1は, 0.1を [　　　] こ集めた数です。

(3) 2.7は, 1を [　　　] ことと, 0.1を [　　　] こ集めた数です。

(4) $\frac{5}{8}$ は, $\frac{1}{8}$ を [　　　] こ集めた数です。

(5) $\frac{1}{7}$ を4こ集めた数は [　　　] です。

(6) $\frac{5}{6}$ は, [　　　] を5こ集めた数です。

(7) $\frac{3}{5}$ mは, 1mを [　　　] 等分したときの [　　　] こ分の長さです。

⑴ 青いテープが 1.5m, 赤いリボンが 2.8m あります。
合わせて何 m ですか。

答 _____ m

⑵ ようすけ君の体重は 36.2kg で, お父さんの体重よりも 19.4kg 軽いです。2人の体重の合計は何 kg ですか。

答 _____ kg

3 次の問いに答えましょう。 ▶ 2問×12点【計24点】

⑴ ジュースが $\frac{3}{5}$ L あります。このジュースを $\frac{1}{5}$ L 飲みました。残りは何 L ですか。

答 _____ L

⑵ 重さ $\frac{5}{7}$ kg のおかしを $\frac{2}{7}$ kg の箱に入れました。重さは全部で何 kg ありますか。

答 _____ kg

まとめ 小数，分数のふく習をしたね。小数の 0.1 と分数の $\frac{1}{10}$ は同じ大きさだからね。そこをきりかえて考えることが大切だよ。

第4回

小学4年の図形と文章題

3年生のふく習 (4)

月 日（ 時 分～ 時 分）

なまえ

点
100点

1 次の問いに答えましょう。　　　　　　　　　▶3問×10点【計30点】

(1) 半径が5cm のとき，直径は何 cm ですか。

答　　　　　　　　cm

(2) 直径が14cm のとき，半径は何 cm ですか。

答　　　　　　　　cm

(3) 半径が3cm5mm のとき，直径は何 cm ですか。

答　　　　　　　　cm

2 次の問いに答えましょう。　　　　　　　　　▶2問×10点【計20点】

(1) 右の図のような，3この円をかきました。一
番大きい円の半径は何 cm ですか。

答　　　　　　　　cm

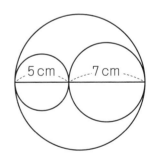

(2) 右の図のように，直径が16cm の円を2こ
かきました。イ，エは円の中心です。四角形
アイウエのまわりの長さは何 cm ですか。

答　　　　　　　　cm

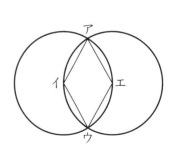

3 次の問いに答えましょう。

▶1問×30点（完答）【計30点】

次の三角形の中から，二等辺三角形を3つ選びましょう。

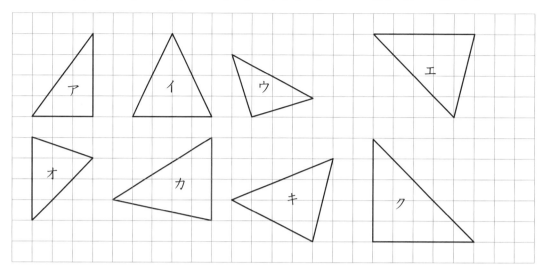

答 二等辺三角形：_____

4 次の問いに答えましょう。

▶2問×10点【計20点】

(1) 右の図の四角形は，長方形です。ま
わりの長さは何 cm ですか。

答 _____ cm

(2) 右の図の四角形は，正方形です。ま
わりの長さは何 cm ですか。

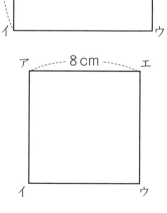

答 _____ cm

図形のふく習だね。半径，直径や二等辺三角形，正三角形など，新しいことばが
出てきたよ。しっかり覚えておこうね！

月　日（　時　分〜　時　分）

なまえ

点／100点

1 次の問いに答えましょう。

▶5問×10点【計50点】

(1) 3年生の人数は228人，4年生の人数は135人です。3年生と4年生の人数を合わせると，何人ですか。

答　　　　　人

(2) みかんが1こ58円，りんごが1こ128円です。みかんとりんごのねだんのちがいは何円ですか。

答　　　　　円

(3) 1こ16円のあめ玉を8こ買いました。代金は何円ですか。

答　　　　　円

(4) 1まい12円の赤い色紙6まいと，1まい15円の青い色紙7まいを買いました。代金は何円ですか。

答　　　　　円

(5) 重さ $\frac{4}{7}$ kgのおかしを $\frac{2}{7}$ kgの箱に入れました。重さは全部で何kgありますか。

答　　　　　kg

2 次の問いに答えましょう。　　　　　　　　▶3問×10点【計30点】

(1)　42このあめを，6人で同じ数ずつ分けると，1人分は何こになりますか。

答　　　　　　　　　こ

(2)　28このみかんを，1人に5こずつ分けると，何人に分けることができますか。また，何こあまりますか。

答　　　　　人，あまり　　　　　こ

(3)　1dL入ったジュースがあります。この中から0.2dLを飲みました。あと何dL残っていますか。

答　　　　　　　　　dL

3 次の問いに答えましょう。　　　　　　　　▶2問×10点【計20点】

(1)　半径が6cmのとき，直径は何cmですか。

答　　　　　　　　　cm

(2)　直径が16cmのとき，半径は何cmですか。

答　　　　　　　　　cm

まとめ　3年生のかくにんテストだよ。
くり上がり，くり下がりや，たんいの計算をふく習しておこうね。

第6回

小学4年の図形と文章題

わり算 (1)

1 次の問いに答えましょう。　　　▶2問×10点【計20点】

(1) 4) 9 2

(2) 3) 8 4

2 次の問いに答えましょう。　　　▶3問×10点【計30点】

(1) 84 このあめを, 4人で同じ数ずつ分けると, 1人分は何こになりますか。

答　　　　　　こ

(2) 80 まいの色紙を, 5人で同じ数ずつ分けました。1人分は何まいになりますか。

答　　　　　　まい

(3) 72本のえんぴつを, 6人で同じ数ずつ分けました。1人分は何本になりますか。

答　　　　　　本

3 次の問いに答えましょう。 ▶2問×10点【計20点】

(1) 遊園地に来た4人の子どもが，ゴーカートを1時間
28分間借りました。4人がそれぞれ同じ時間乗れるよ
うにすると，1人何分間ずつになりますか。

答 　　　　　分間

(2) 1箱に12このクッキーが入っています。5箱のクッキーを，3人で
同じ数ずつ分けると，1人分は何こになりますか。

答 　　　　　こ

▶▶ 一歩先を行く問題 ☞ ••••••••••••••••••••••••••••••••

4 次の問いに答えましょう。 ▶2問×15点【計30点】

色紙が90まいあります。この色紙を，4人の4年
生と5人の3年生に分けようと思います。

(1) 4年生に5まいずつ分けると，何まいあまりますか。

答 　　　　　まい

(2) あまった色紙を，3年生で同じ数ずつ分けると，1人分は何まいにな
りますか。

答 　　　　　まい

 まとめ ここからは，わり算の文章題だよ。まずは筆算をできるようになろうね。

わり算 (2)

1 次の問いに答えましょう。　▶2問×10点【計20点】

(1) 　4⟌82

(2) 　3⟌80

2 次の問いに答えましょう。　▶3問×10点【計30点】

(1) 90このあめを, 4人で同じ数ずつ分けると, 1人分は何こになりますか。また, 何こあまりますか。

答　　　　　こ, あまり　　　　　こ

(2) 80まいの色紙を, 7人で同じ数ずつ分けました。1人分は何まいになりますか。また, 何まいあまりますか。

答　　　　　まい, あまり　　　　　まい

(3) 63このビー玉を, 5人で同じ数ずつ分けると, 1人分は何こになりますか。また, 何こあまりますか。

答　　　　　こ, あまり　　　　　こ

3 次の問いに答えましょう。

(1) 1箱に12このクッキーが入っています。6箱のクッ
キーを，7人で同じ数ずつ分けると，1人分は何こにな
りますか。また，何こあまりますか。

答 　　　　　こ，あまり　　　　　こ

(2) えんぴつが5ダースあります。7人で同じ数ずつ分けると，1人分は
何本になりますか。また，何本あまりますか。

答 　　　　　本，あまり　　　　　本

▶▶ 一歩先を行く問題 ☞ •••••••••••••••••••••

4 次の問いに答えましょう。

85このおはじきを，7人で同じ数ずつ分けようと
思います。

(1) 何こあまりますか。

答 　　　　　こ

(2) 7人が同じ数ずつもらうためには，もっとも少なくておはじきはあ
と何こ必要ですか。

答 　　　　　こ

  わり算のあまりのある文章題だよ。
わり算の答えのことを「商」というよ。覚えておこうね。

第 8 回

小学4年の図形と文章題

わり算 (3)

なまえ

点
100点

1 次の計算をしましょう。

▶ 2問×10点【計20点】

(1)　4) 8 2 0

(2)　3) 8 0 1

2 次の問いに答えましょう。

▶ 3問×10点【計30点】

(1)　304 このあめを, 1人に8こずつ分けると, 何人に分けられますか。

答　　　　　　人

(2)　168 まいの色紙を, 1人に7まいずつ分けると, 何人に分けられますか。

答　　　　　　人

(3)　245cm のひもがあります。1人に5cm ずつ切ると,
5cm のひもは何本取れますか。

答　　　　　　本

3 次の問いに答えましょう。　　　　　　　　　　　▶2問×10点【計20点】

(1) 279ページの本を，毎日9ページ読むと，何日で読み終わりますか。

答　　　　　　　日

(2) 5L入りのジュースが24本あります。このジュースを1人に2Lずつ分けると，何人に分けられますか。

答　　　　　　　人

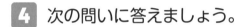

▶▶ 一歩先を行く問題 ☞ ••••••••••••••••••••••••••

4 次の問いに答えましょう。　　　　　　　　　　　▶2問×15点【計30点】

　赤いビー玉が1こ15円，青いビー玉が1こ18円で売られています。赤いビー玉を28こと青いビー玉を何こか買って1000円を出したところ，130円のおつりをもらいました。

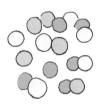

(1) 赤いビー玉28この代金は何円ですか。

答　　　　　　　円

(2) 青いビー玉は何こ買いましたか。

答　　　　　　　こ

まとめ　　わり算のある文章題だよ。
　　　　　われる数が3けたになっても，わり算の方法は変わらないからね。

1 次の計算をしましょう。　　　　　　　　▶2問×10点【計20点】

(1)　4)650　　　　　　　(2)　5)867

2 次の問いに答えましょう。　　　　　　　▶3問×10点【計30点】

(1)　色紙が235まいあります。この色紙を6まいずつたば
にします。たばはいくつできて，何まいあまりますか。

答　　　　　たば，あまり　　　　まい

(2)　150このあめを，1人に7こずつ分けると，何人に分けることがで
きますか。また，何こあまりますか。

答　　　　　人，あまり　　　　こ

(3)　110このビー玉を，1人に9こずつ分けると，何人に分けることが
できますか。また，何こあまりますか。

答　　　　　人，あまり　　　　こ

3 次の問いに答えましょう。 ▶ 2問×10点【計20点】

(1) 色紙が347まいあります。この色紙を1人8まいず
つ配ったところ，3まいあまりました。何人に配りま
したか。

答　　　　　　人

(2) チョコレートが12まい入った箱が15箱あります。このチョコレー
トを1人7まいずつ配ることにしました。何人に配れて，何まいあま
りますか。

答　　　　　人，あまり　　　　まい

▶▶ 一歩先を行く問題 ●

4 次の問いに答えましょう。 ▶ 2問×15点【計30点】

みかん160こと，みかんを入れるふくろが何ふ
くろかあります。このふくろに，みかんを6こずつ
入れていったところ，みかんが4こあまりました。

(1) ふくろは何ふくろありますか。

答　　　　　ふくろ

(2) ふくろに12こずつ入れると，何こあまりますか。

答　　　　　こ

  むずかしい文章題は，自分で図などをかいて，じっくりと考えてみて！
わかったときの感動が，算数のおもしろさの1つだよ。

月 日(時 分〜 時 分)

なまえ

点／100点

1 次の問いに答えましょう。

▶5問×10点【計50点】

(1) 76まいの色紙を，4人で同じ数ずつ分けました。1人分は何まいになりますか。

答 　　　　まい

(2) 65本のえんぴつを，5人で同じ数ずつ分けました。1人分は何本になりますか。

答 　　　　本

(3) えんぴつが120本あります。1人に6本ずつ分けると，何人に分けられますか。

答 　　　　人

(4) 3m36cmのテープがあります。1人に6cmずつ切ると，6cmのテープは何本取れますか。

答 　　　　本

(5) 232このあめを，8人で同じ数ずつ分けると，1人分は何こになりますか。

答 　　　　こ

2 次の問いに答えましょう。 ▶2問×10点【計20点】

(1) 40 このみかんを，１人に３こずつ分けると，何人に分けることができますか。また，何こあまりますか。

答 _____ 人，あまり _____ こ

(2) 250 このあめを，8人で同じ数ずつ分けると，１人分は何こになりますか。また，何こあまりますか。

答 _____ こ，あまり _____ こ

3 次の問いに答えましょう。 ▶2問×15点【計30点】

(1) リボンが160本あります。このリボンを１人7本ずつ配ったところ，6本あまりました。何人に配りましたか。

答 _____ 人

(2) チョコレートが15まい入った箱が5箱あります。このチョコレートを１人8まいずつ配りました。何人に配れて，何まいあまりますか。

答 _____ 人，あまり _____ まい

まとめ
22
わり算のふく習だよ。A÷B＝Cあまり D → A＝B×C＋D であることは大切だから，わすれないようにしようね。

わり算 (5)

1 次の計算をしましょう。　　　　　　　　　　　　　▶4問×5点【計20点】

(1) 160 ÷ 20 =

(2) 120 ÷ 30 =

(3) 320 ÷ 40 =

(4) 420 ÷ 60 =

2 次の問いに答えましょう。　　　　　　　　　　　　▶3問×10点【計30点】

(1) 300このあめを, 1人に10こずつ分けると, 何人に分けられますか。

答　　　　　　　　人

(2) えんぴつが120本あります。1人に20本ずつ分けると, 何人に分けられますか。

答　　　　　　　　人

(3) 240cmのひもがあります。1人に30cmずつ切ると, 30cmのひもは何本取れますか。

答　　　　　　　　本

3 次の問いに答えましょう。　　　　　　　▶ 2問×10点【計20点】

(1)　500まいの色紙を，1人に60まいずつ分けると，何人に分けられますか。また，何まいあまりますか。

答　　　　　　人，あまり　　　　　まい

(2)　450ページの本を，毎日20ページ読むと，何日で読み終わりますか。

答　　　　　　日

▶▶ 一歩先を行く問題 ☞ •

4 次の問いに答えましょう。　　　　　　　▶ 2問×15点【計30点】

(1)　2m40cm のテープを，60cm ずつ切ると，60cm のテープは何本取れますか。

答　　　　　　本

(2)　さとうが3kg200g あります。このさとうを，800g ずつ分けると，何こに分けられますか。

答　　　　　　こ

 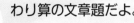

わり算の文章題だよ。
240 ÷ 40 の計算は，24 ÷ 4 をすれば計算しやすいね。

わり算 (6)

1 次の計算をしましょう。　　　　　　　　　　▶2問×10点【計20点】

(1)　14〉70

(2)　26〉728

2 次の問いに答えましょう。　　　　　　　　　　▶3問×10点【計30点】

(1)　96このあめを，12人で同じ数ずつ分けると，1人分は何こになりますか。

答　　　　　　こ

(2)　250まいの色紙を，25人で同じ数ずつ分けました。1人分は何まいになりますか。

答　　　　　　まい

(3)　592このビー玉を，16人で同じ数ずつ分けると，1人分は何こになりますか。

答　　　　　　こ

3 次の問いに答えましょう。 ▶2問×10点【計20点】

(1) ある数を52でわると，商が8で，わりきれました。この数を13でわると，答えはいくつになりますか。

答 _____

(2) 1箱に24このクッキーが入っています。10箱のクッキーを，12人で同じ数ずつ分けると，1人分は何こになりますか。

答 _____ こ

▶▶ 一歩先を行く問題 ●

4 次の問いに答えましょう。 ▶2問×15点【計30点】

160まいの色紙があります。この色紙を，1人に12まいずつ配ったところ，4まいあまりました。

(1) 配った色紙は全部で何まいですか。

答 _____ まい

(2) 何人に配りましたか。

答 _____ 人

まとめ 2けたでわるわり算の問題だよ。

商がなかなか立たないけど，問題をよく読んで，あせらずにがんばってね！

わり算 (7)

1 次の計算をしましょう。　▶2問×10点【計20点】

(1) $23 \overline{)90}$　　　(2) $36 \overline{)821}$

2 次の問いに答えましょう。　▶3問×10点【計30点】

(1) 83 このあめを, 15人で同じ数ずつ分けると, 1人分は何こになりますか。また, 何こあまりますか。

答　　　　こ, あまり　　　　こ

(2) 406 まいの色紙を, 17人で同じ数ずつ分けました。1人分は何まいになりますか。また, 何まいあまりますか。

答　　　　まい, あまり　　　　まい

(3) 160本のえんぴつを, 24人で同じ数ずつ分けました。1人分は何本になりますか。また, 何本あまりますか。

答　　　　本, あまり　　　　本

3 次の問いに答えましょう。　　　　　　　　　　　▶2問×10点【計20点】

(1) １箱に１２このクッキーが入っています。６箱のクッキーを１４人で同じ数ずつ分けると，１人分は何こになりますか。また，何こあまりますか。

答　　　　　　こ，あまり　　　　　　こ

(2) えんぴつが１５ダースあります。１６人で同じ数ずつ分けると，１人分は何本になりますか。また，何本あまりますか。

答　　　　　　本，あまり　　　　　　本

▶▶ 一歩先を行く問題😊 ••••••••••••••••••••••••••••••••

4 次の問いに答えましょう。　　　　　　　　　　　▶2問×15点【計30点】

840 このおはじきを，26人で同じ数ずつ配ろうとしたところ，8 こあまりました。

(1) 何こずつ配りましたか。

答　　　　　　こ

(2) 26人が同じ数ずつもらうためには，もっとも少なくておはじきはあと何こ必要ですか。

答　　　　　　こ

  まとめ　わり算のあまりのある文章題だよ。
あまりはわる数より小さい数（あまり < わる数）になることに注意しよう！

第14回

小学4年の図形と文章題

わり算 (8)

月　日（　時　分 〜　時　分）

なまえ

点 / 100点

---

1 次の計算をしましょう。 ▶2問×10点【計20点】

(1) 　23〉9660

(2) 　36〉8211

---

2 次の問いに答えましょう。 ▶3問×10点【計30点】

(1) 色紙が1500まいあります。この色紙を36まいずつたばにします。たばはいくつできて，何まいあまりますか。

答　　　　　たば，あまり　　　　まい

(2) 3200このあめを，1人に12こずつ分けると，何人に分けることができますか。また，何こあまりますか。

答　　　　　人，あまり　　　　こ

(3) 1550このビー玉を，1人に15こずつ分けると，何人に分けることができますか。また，何こあまりますか。

答　　　　　人，あまり　　　　こ

3 次の問いに答えましょう。　　　　　　　　　　　　　　▶2問×10点【計20点】

(1) 色紙が2430まいあります。この色紙を1人24まいずつ配ったところ，6まいあまりました。何人に配りましたか。

答　　　　　　　人

(2) チョコレートが25まい入った箱が40箱あります。このチョコレートを1人14まいずつ配りました。何人に配れて，何まいあまりますか。

答　　　　　人，あまり　　　　まい

▶▶ 一歩先を行く問題 👉 ● ● ● ● ● ● ● ● ● ● ● ● ● ● ● ● ● ● ●

4 次の問いに答えましょう。　　　　　　　　　　　　　　▶2問×15点【計30点】

1さつ320ページの本が4さつあります。

(1) 32日で4さつすべて読むためには，1日に何ページずつ読めばよいですか。

答　　　　　　ページ

(2) はじめの24日間は1日に50ページずつ読み，残りを1日に16ページずつ読みます。4さつ読み終わるのに，全部で何日かかりますか。

答　　　　　　　日

 まとめ わり算のあまりのある文章題もやったね。
わられる数が4けたになっても求め方は同じだよ。じっくり取り組んでね。

第15回　小学4年の図形と文章題

かくにんテスト
（第11〜14回）

月　日（　時　分〜　時　分）

なまえ

点
100点

1 次の問いに答えましょう。

▶ 5問×10点【計50点】

(1) 90このあめを, 15人で同じ数ずつ分けると, 1人分は何こになりますか。

答　　　　　　　　こ

(2) 234まいの色紙を, 18人で同じ数ずつ分けました。1人分は何まいになりますか。

答　　　　　　　　まい

(3) 576このビー玉を, 36人で同じ数ずつ分けると, 1人分は何こになりますか。

答　　　　　　　　こ

(4) 168本のえんぴつを, 14人で同じ数ずつ分けました。1人分は何本になりますか。

答　　　　　　　　本

(5) 360cmのテープがあります。1人に12cmずつ切ると, 12cmのテープは何本取れますか。

答　　　　　　　　本

2 次の問いに答えましょう。 ▶2問×10点【計20点】

(1) 335 このあめを，13人で同じ数ずつ分けると，1人分は何こになりますか。また，何こあまりますか。

答 ＿＿＿＿＿ こ，あまり ＿＿＿＿＿ こ

(2) 245 このみかんを，1人15こずつ分けると，何人に分けることができますか。また，何こあまりますか。

答 ＿＿＿＿＿ 人，あまり ＿＿＿＿＿ こ

3 次の問いに答えましょう。 ▶2問×15点【計30点】

(1) リボンが370本あります。このリボンを1人18本ずつ配ったところ，10本あまりました。何人に配りましたか。

答 ＿＿＿＿＿ 人

(2) チョコレートが12まい入った箱が15箱あります。このチョコレートを1人22まいずつ配りました。何人に配れて，何まいあまりますか。

答 ＿＿＿＿＿ 人，あまり ＿＿＿＿＿ まい

まとめ わり算のふく習だね。
2けたでわるわり算は大切だから，商がすばやく立てられるように練習しよう。

小数 (1)

1 次の問いに答えましょう。 ▶7問×8点【計56点】

(1) 3.14 は, 1 を ☐ こと, 0.1 を ☐ こ, 0.01 を ☐ こ集めた数です。

(2) 3.14 は, 0.01 を ☐ こ集めた数です。

(3) 0.01 を 30 こ集めた数は ☐ です。

(4) 一の位が 4, 小数第一位が 5, 小数第二位が 6 の数は ☐ です。

(5) 0.2 + 2.64 = ☐

(6) 1.57 + 1.7 = ☐

(7) 12 − 1.65 = ☐

2 次の問いに答えましょう。　　　　　　　　▶2問×10点【計20点】

(1)　2.78m のテープと 1.85m のテープがあります。合わせて何 m ありますか。

答 ＿＿＿＿＿＿＿ m

(2)　重さ 4.86kg のりんごを 0.65kg の箱に入れました。重さは全部で何 kg になりますか。

答 ＿＿＿＿＿＿＿ kg

▶▶ 一歩先を行く問題 👉 ‥‥‥‥‥‥‥‥‥‥‥‥‥

3 次の問いに答えましょう。　　　　　　　　▶2問×12点【計24点】

　去年のたかし君の体重は 35.2kg，弟は 26.5kg でした。今年，たかし君の体重は 4.83kg ふえました。

(1)　今年，たかし君の体重は何 kg ですか。

答 ＿＿＿＿＿＿＿ kg

(2)　今年，弟は 6.9kg ふえました。今年のたかし君と弟の体重のちがいは何 kg ですか。

答 ＿＿＿＿＿＿＿ kg

  小数の練習をしたよ。
小数のたし算とひき算の計算は，小数点をそろえて計算しよう。

小数 (2)

1 次の問いに答えましょう。 ▶ 2問×10点【計20点】

(1)
```
    2.4 5
×       7
```

(2)
```
    1 5.7
×     2 6
```

2 次の問いに答えましょう。 ▶ 3問×10点【計30点】

(1) 1m の重さが 1.25kg のはり金があります。このはり金 8m の重さは何 kg ですか。

答 _____ kg

(2) 1本の長さが 24.5cm のテープがあります。このテープ 18本の長さは何 cm ですか。

答 _____ cm

(3) 1さつの重さが 2.28kg の本があります。この本 28さつの重さは何 kg ですか。

答 _____ kg

3 次の問いに答えましょう。

▶ 2問×10点【計20点】

(1) 1L のガソリンで 12.6km 走る自動車があります。 ガソリン 35L では何 km 走りますか。

答 _____ km

(2) 1m が 150 円の赤いリボンを 11.6m と，1m が 90 円の青いリボンを 15.3m 買いました。代金は全部で何円ですか。

答 _____ 円

▶▶ 一歩先を行く問題

4 次の問いに答えましょう。

▶ 2問×15点【計30点】

1m の重さが 4.8kg のはり金があります。このはり金 12.4m を 15本で 1たばにして買いました。

(1) 15本分の長さは何 m になりますか。

答 _____ m

(2) このはり金 1たばの重さは何 kg ですか。

答 _____ kg

 　小数のかけ算の問題だよ。筆算で計算するときは，整数のかけ算と同じようにして，小数点をそのまま答えのところにおろすんだよ！

小数 (3)

1 次の計算をしましょう。　　　　　　　　　▶2問×10点【計20点】

(1) $28 \overline{)19.6}$　　　(2) $26 \overline{)0.494}$

2 次の問いに答えましょう。　　　　　　　　▶3問×10点【計30点】

(1) 99.2cm のテープを同じ長さずつ4本に分けると，1本は何 cm になりますか。

答　　　　　　　cm

(2) 777g のさとうを使って，14 このホットケーキを作りました。1 このホットケーキに何 g 使いましたか。

答　　　　　　　g

(3) はり金25本の重さが217.5kg あります。このはり金1本の重さは何 kg ですか。

答　　　　　　　kg

3 次の問いに答えましょう。 ▶2問×10点【計20点】

(1)　12.3km の道のりを 3 時間で歩きました。1 時間で
何 km 歩きましたか。

答　　　　　　　km

(2)　1L のガソリンで 12km 走る自動車があります。43.2km 走るのに
何 L 使いますか。

答　　　　　　　L

▶▶ 一歩先を行く問題 ☞ ・・・・・・・・・・・・・・・・・・・・・・・・・・・・・・

4 次の問いに答えましょう。 ▶2問×15点【計30点】

　ある数を 5 でわろうとしたところ，まちがえて 5 をかけてしまった
ため，答えは 248.5 になりました。

(1)　ある数はいくつですか。

答　　　　　　　

(2)　正しい答えはいくつですか。

答　　　　　　　

小数のわり算の問題です。計算するときは整数のかけ算と同じようにして，
小数点をそのまま答えのところに上げよう。

小数 (4)

1 商を小数第一位まで求め，あまりも求めましょう。　▶2問×10点【計20点】

(1) $5 \overline{)\ 4\ 8.3}$

(2) $28 \overline{)\ 3\ 5.1}$

2 わり切れるまで商を求めましょう。　▶2問×10点【計20点】

(1) $8 \overline{)\ 3.6}$

(2) $12 \overline{)\ 2\ 8.2}$

3 次の問いに答えましょう。　▶4問×10点【計40点】

(1) 56.8cm のテープから 13cm のテープを切り取って
いくと，13cm のテープは何本取れますか。また，何
cm あまりますか。

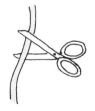

答　　　　　本，あまり　　　　　cm

(2) 31.2kg の小麦粉を使って，ホットケーキを作り
ます。1このホットケーキに3kg 使うとすると，何
こできて，何kg あまりますか。

答　　　　　こ，あまり　　　　　kg

(3) 132.2cm のテープを同じ長さずつ5本に分けると，1本は何cm に
なりますか。

答　　　　　cm

(4) 33.4km の道のりを4時間で歩きました。1時間で何km 歩きまし
たか。

答　　　　　km

▶▶ 一歩先を行く問題 ⊚ •

4 次の問いに答えましょう。　　　　　　　　▶2問×10点【計20点】

同じ重さのくぎ25本を箱に入れて重さをはかると107.5 g でした。こ
のくぎを38本同じ箱に入れたときの重さは124.4 g でした。

(1) くぎ1本の重さは何g ですか。

答　　　　　g

(2) 箱の重さは何g ですか。

答　　　　　g

まとめ　　小数のわり算の問題だよ。
あまりのある計算は，商とあまりの小数点を打つところに気をつけてね。

第20回

小学4年の図形と文章題

かくにんテスト
(第16～19回)

1 次の問いに答えましょう。

▶5問×10点【計50点】

(1) 3.38m のテープと 1.75m のテープがあります。このテープのちがいは何 m ですか。

答 ＿＿＿＿＿＿＿ m

(2) 重さ 4.86kg の本を 0.65kg の箱に入れました。重さは全部で何 kg になりますか。

答 ＿＿＿＿＿＿＿ kg

(3) 1m の重さが 2.25kg のはり金があります。このはり金 6m の重さは何 kg ですか。

答 ＿＿＿＿＿＿＿ kg

(4) 1本の長さが 64.4cm のロープがあります。このロープ 24 本の長さは何 cm ですか。

答 ＿＿＿＿＿＿＿ cm

(5) 1さつの重さが 0.85kg の本があります。この本 16 さつの重さは何 kg ですか。

答 ＿＿＿＿＿＿＿ kg

2 次の問いに答えましょう。 ▶2問×10点【計20点】

(1) はり金24本の重さが62.4kg あります。このはり金 1 本の重さは何 kg ですか。

答 _____ kg

(2) 1L のガソリンで14km 走る自動車があります。ガソリン 44.8L では何 km 走りますか。

答 _____ km

3 次の問いに答えましょう。 ▶2問×15点【計30点】

(1) 33.6L のジュースを15人で等しく分けました。1人分は何 L ですか。

答 _____ L

(2) 30.2kg の小麦粉を使って、お好み焼きを作ります。1まいのお好み焼きに4kg 使うとすると、何まいできますか。また、何 kg あまりますか。

答 _____ まい, あまり _____ kg

まとめ 小数のかけ算，わり算などのかくにんテストをやったよ。
商やあまりの小数点を打つところに気をつけよう。

分数 (1)

1 次の計算をしましょう。　　　　　　　　　　▶2問×10点【計20点】

(1) $\dfrac{4}{9} + \dfrac{7}{9} =$ ☐

(2) $2\dfrac{3}{8} + 1\dfrac{5}{8} =$ ☐

2 次の問いに答えましょう。　　　　　　　　　　▶3問×10点【計30点】

(1) 重さ $1\dfrac{3}{8}$ kg のみかんを $\dfrac{2}{8}$ kg の箱に入れました。
重さは全部で何 kg になりますか。

答　　　　　　　　　kg

(2) $3\dfrac{2}{4}$ m のテープと $1\dfrac{1}{4}$ m のテープがあります。合わせて何 m ありますか。

答　　　　　　　　　m

(3) 重さ $\dfrac{2}{9}$ kg のバケツに水を $3\dfrac{7}{9}$ kg 入れました。重さは全部で何 kg になりますか。

答　　　　　　　　　kg

3 次の問いに答えましょう。
▶ 2問×10点【計20点】

(1) 青いリボンが $2\dfrac{4}{11}$ m あります。赤いリボンは青いリボンよりも $1\dfrac{9}{11}$ m 長いです。2本のリボンの合計は何 m ですか。

答 _____ m

(2) みかんが $1\dfrac{2}{7}$ kg と $2\dfrac{4}{7}$ kg と $3\dfrac{5}{7}$ kg あります。全部で何 kg ありますか。

答 _____ kg

▶▶ 一歩先を行く問題 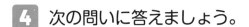 • • • • • • • • • • • • • • • • •

4 次の問いに答えましょう。
▶ 2問×15点【計30点】

ペットボトルのジュースを昨日(きのう)は $\dfrac{2}{5}$ L 飲み、今日は $\dfrac{4}{5}$ L 飲んだところ、$1\dfrac{4}{5}$ L 残りました。

(1) 昨日と今日で何 L 飲みましたか。

答 _____ L

(2) ペットボトルに入っていたジュースは何 L ですか。

答 _____ L

  ここからは、分数のたし算の問題だよ。
4年生では1より大きい分数や3つの分数のたし算もするよ！

第 22 回

小学 4 年の図形と文章題

分数 (2)

1 次の計算をしましょう。

▶ 2問×10点【計20点】

(1) $1\frac{3}{9} - \frac{8}{9} = $ ☐

(2) $3 - 1\frac{5}{8} = $ ☐

2 次の問いに答えましょう。

▶ 3問×10点【計30点】

(1) 重さ $1\frac{2}{8}$ kg のみかんを箱に入れたところ, 重さは全部で $1\frac{3}{8}$ kg になりました。箱の重さは何 kg ですか。

答　　　　　　kg

(2) 重さ $\frac{2}{9}$ kg のバケツに水を入れたところ, $3\frac{7}{9}$ kg になりました。水の重さは何 kg ですか。

答　　　　　　kg

(3) ひもが $4\frac{3}{5}$ m あります。このひもから $\frac{2}{5}$ m 切り取りました。残ったひもは何 m ですか。

答　　　　　　m

3 次の問いに答えましょう。

▶ 2問×10点【計20点】

(1) 青いリボンが $2\dfrac{3}{13}$ m あります。赤いリボンは青いリボンよりも $\dfrac{8}{13}$ m 短いです。2本のリボンの和は何 m ですか。

答 <u>　　　　　　</u> m

(2) 12kg のお米のうち, $2\dfrac{4}{7}$ kg と $3\dfrac{5}{7}$ kg のお米を食べました。残りは何 kg ですか。

答 <u>　　　　　　</u> kg

▶▶ 一歩先を行く問題 ☞ ・・・・・・・・・・・・・・・・・・・・・・・・・

4 次の問いに答えましょう。

▶ 2問×15点【計30点】

右の図のように, 例えば, $\dfrac{1}{2}$ と $\dfrac{2}{4}$ は同じ大きさの分数です。

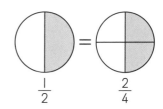

(1) $\dfrac{2}{3}$ と同じ大きさの, 分母が6の分数は何ですか。また, その分数の分母から分子をひくといくつになりますか。

答 分数 <u>　　　</u> 差 <u>　　　　</u>

(2) $\dfrac{2}{3}$ と同じ大きさで, 分母から分子をひくと15になる分数を1つ答えましょう。

答 <u>　　　　　　　　　　</u>

 **まとめ**

1～**3**は分数のひき算の問題だよ。

46 **4**(2)は中学入試問題でも出題されるよ。じっくり考えてみてね！

第23回

小学4年の図形と文章題

割合 (1)

1 次の問いに答えましょう。

▶6問×8点【計48点】

(1) 300は100の何倍ですか。

答　　　　　　　倍

(2) 250は100の何倍ですか。

答　　　　　　　倍

(3) 27は15の何倍ですか。

答　　　　　　　倍

(4) 100を1とすると，200はいくつですか。

答

(5) 100を1とすると，180はいくつですか。

答

(6) 25を1とすると，40はいくつですか。

答

2 次の問いに答えましょう。　　　　　　　　　▶3問×10点【計30点】

(1) 50の3倍はいくつですか。

答 ＿＿＿＿＿＿＿＿＿＿

(2) 18の2.5倍はいくつですか。

答 ＿＿＿＿＿＿＿＿＿＿

(3) 54の0.8倍はいくつですか。

答 ＿＿＿＿＿＿＿＿＿＿

▶▶ 一歩先を行く問題 ☞ ●・・・・・・・・・・・・・・・・・●

3 次の問いに答えましょう。　　　　　　　　　▶2問×11点【計22点】

(1) ボールペンのねだんは280円で, えんぴつのねだん
の4倍です。えんぴつのねだんは何円ですか。

答 ＿＿＿＿＿ 円

(2) 赤いテープは24.3cmで, 青いテープの3倍です。青いテープの長
さは何cmですか。

答 ＿＿＿＿＿ cm

まとめ 割合の問題だよ。
割合では, くらべる量, もとにする量, 割合にあたる量があるよ。

第 24 回

小学 4 年の図形と文章題

割合 (2)

1 次の問いに答えましょう。

▶ 6問×8点【計48点】

(1) 4.5 は 3 の何倍ですか。

答　　　　　　倍

(2) 42 は 15 の何倍ですか。

答　　　　　　倍

(3) 12 の 4 倍はいくつですか。

答

(4) 20 の 2.4 倍はいくつですか。

答

(5) 120 は□の 6 倍です。□はいくつですか。

答

(6) 72.4 は□の 4 倍です。□はいくつですか。

答

2 次の問いに答えましょう。 ▶2問×11点【計22点】

(1) 赤いテープが40cmあります。青いテープは赤いテープの1.2倍あります。青いテープは何cmありますか。

答 ＿＿＿＿＿＿＿ cm

(2) 赤いテープが41.4cmあります。赤いテープは青いテープの3倍あります。青いテープは何cmありますか。

答 ＿＿＿＿＿＿＿ cm

▶▶ 一歩先を行く問題 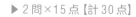 ●

3 次の問いに答えましょう。 ▶2問×15点【計30点】

池のまわりは1周1200mで、公園のまわりは1周300mです。

(1) 公園のまわりを1とすると、池のまわりはいくつですか。

答 ＿＿＿＿＿＿＿

(2) 公園のまわりは、池のまわりの何倍ですか。

答 ＿＿＿＿＿＿＿ 倍

 まとめ

割合の問題だよ。
割合では小数のわり算が大切だから、ふく習しておこうね！

50

第25回

かくにんテスト
（第21〜24回）

1 次の問いに答えましょう。　　　　　　　▶4問×10点【計40点】

(1) 重さ $2\dfrac{6}{7}$ kg のりんごを $\dfrac{3}{7}$ kg の箱に入れました。重さは全部で何 kg ありますか。

答　　　　　　　kg

(2) $3\dfrac{4}{5}$ m のロープと $1\dfrac{2}{5}$ m のロープがあります。合わせて何 m ありますか。

答　　　　　　　m

(3) 重さ $\dfrac{4}{9}$ kg のバケツに水を入れたところ、$4\dfrac{5}{9}$ kg になりました。水の重さは全部で何 kg ですか。

答　　　　　　　kg

(4) ひもが $3\dfrac{1}{4}$ m あります。このひもから $\dfrac{2}{4}$ m 切り取りました。残ったひもは何 m ですか。

答　　　　　　　m

2 次の問いに答えましょう。　　　　　　　　　　　　▶ 3問×10点【計30点】

(1)　19.2 は 16 の何倍ですか。

答　　　　　　　　倍

(2)　25 の 0.8 倍はいくつですか。

答　　　　　　　　

(3)　32.7 は □ の 3 倍です。□ はいくつですか。

答　　　　　　　　

3 次の問いに答えましょう。　　　　　　　　　　　　▶ 2問×15点【計30点】

(1)　赤いテープが 45cm あります。青いテープは赤いテープの 1.4 倍あ
　　ります。青いテープは何 cm ありますか。

答　　　　　　　　cm

(2)　赤いテープが 40.8cm あります。赤いテープは青いテープの 4 倍あ
　　ります。青いテープは何 cm ありますか。

答　　　　　　　　cm

まとめ　　分数と割合のかくにんテストだよ。
　　割合の問題は，これからもよく出てくるから，練習をかかさずしておこう！

第26回

小学4年の図形と文章題

角度 (1)

月　日（　時　分〜　時　分）

なまえ

点
/100点

1 次の問いに答えましょう。

▶ 4問×10点【計40点】

(1) 右の図で，アの角の大きさは何度ですか。

答　　　　　度

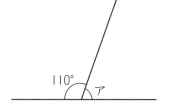

(2) 右の図で，アの角の大きさは何度ですか。

答　　　　　度

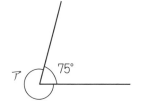

(3) 右の図で，アの角の大きさは何度ですか。

答　　　　　度

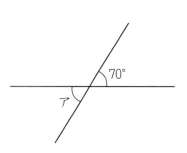

(4) 右の図で，アの角の大きさは何度ですか。

答　　　　　度

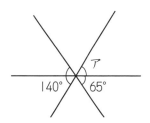

2 次の問いに答えましょう。

(1) 右の図で，アの角の大きさは何度ですか。

答　　　　　度

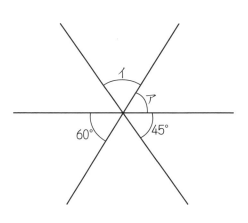

(2) 右の図で，イの角の大きさは何度ですか。

答　　　　　度

▶▶ 一歩先を行く問題 ☞ ・・・・・・・・・・・・・・・・・・・・・・・・・・・・・・・

3 次の問いに答えましょう。

(1) 右の図で，アの角の大きさは何度ですか。

答　　　　　度

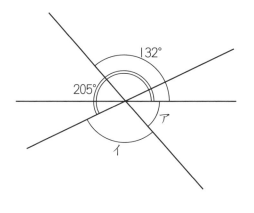

(2) 右の図で，イの角の大きさは何度ですか。

答　　　　　度

まとめ 角度の文章題だね。直線が回転した角の大きさを角度といって，1回転した角の大きさは360度だよ！

第27回

小学4年の図形と文章題

角度 (2)

1 次の問いに答えましょう。

▶4問×10点【計40点】

(1) 右の図で，あといは平行です。
　　アの角の大きさは何度ですか。

答　　　　　　　度

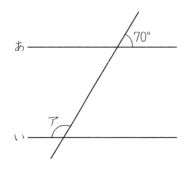

(2) 右の図で，あといは平行です。
　　アの角の大きさは何度ですか。

答　　　　　　　度

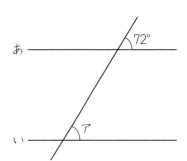

(3) 右の図で，あといは平行です。
　　アの角の大きさは何度ですか。

答　　　　　　　度

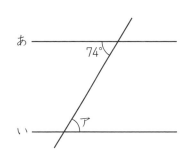

(4) 右の図で，あといは平行です。
　　アの角の大きさは何度ですか。

答　　　　　　　度

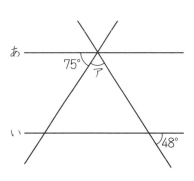

2 次の問いに答えましょう。

右の図で，あといは平行です。

(1) アの角の大きさは何度ですか。

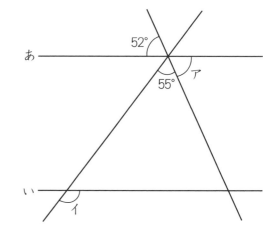

答 _____ 度

(2) イの角の大きさは何度ですか。

答 _____ 度

▶▶ 一歩先を行く問題 ☞ •

3 次の問いに答えましょう。

▶ 2問×15点【計30点】

右の図で，直線あ，い，うは平行です。

(1) アの角の大きさは何度ですか。

答 _____ 度

(2) イの角の大きさは何度ですか。

答 _____ 度

 答え☞ 111ページ

  角度の問題だよ。2本の直線には，平行や垂直などの関係があるんだね。
性質を理解しておこうね。

56

三角形 (1)

先取りポイント

　三角形（などの多角形）の内部の，となり合う2辺が作る角を「内角」といいます。どんな三角形でも，3つの内角の和は「180度」になります。

　これは次のように説明できます。

　右の図で，■どうしは錯角，●どうしは同位角なので角の大きさは等しくなります。また，■と●と▲が一直線上にならぶので，この3つ角の和は180度になります。これより，三角形の内角の和は180度になることがわかります。

※小学5年で習います。

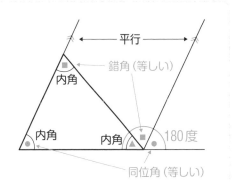

1 次の問いに答えましょう。

▶ 4問×10点【計40点】

(1) 右の図のアの角の大きさは何度ですか。

答　　　　　度

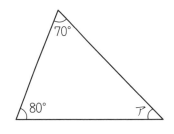

(2) 右の図のアの角の大きさは何度ですか。

答　　　　　度

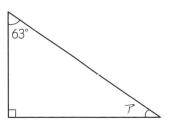

(3) 右の図のアの角の大きさは何度ですか。

答　　　　　度

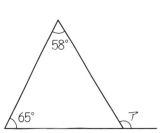

2 次の問いに答えましょう。

(1) 右の図の三角形は二等辺三角形です。ア
の角の大きさは何度ですか。AB = AC で
す。

答 　　　　度

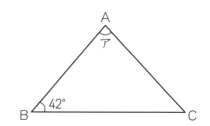

(2) 右の図の三角形は二等辺三角形です。ア
の角の大きさは何度ですか。AB = AC で
す。

答 　　　　度

▶▶ 一歩先を行く問題 ☺ ・・・・・・・・・・・・・・・・・

3 次の問いに答えましょう。

右の図の四角形 ABCD は正方形
で，三角形 BCE は正三角形です。

(1) アの角の大きさは何度ですか。

答 　　　　度

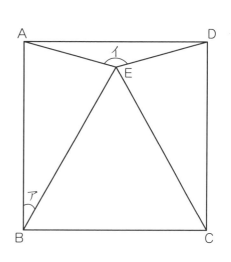

(2) イの角の大きさは何度ですか。

答 　　　　度

まとめ 5年生の先取りで，三角形の内角の和の問題をやったね。
三角形の内角の和が 180 度であることをしっかり覚えておこう。

三角形 (2)

1 次の問いに答えましょう。 ▶ 2問×10点【計20点】

(1) 右の図は，直角二等辺三角形です。ア
の角の大きさは何度ですか。

答 度

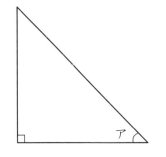

(2) 右の図は，一組の三角じょうぎを組み
合わせたものです。アの角の大きさは何
度ですか。

答 度

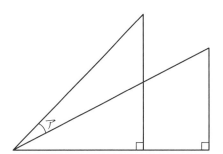

2 次の問いに答えましょう。 ▶ 2問×10点【計20点】

(1) アの角の大きさは何度ですか。

答 度

(2) イの角の大きさは何度ですか。

答 度

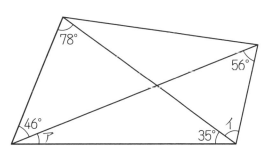

3 次の問いに答えましょう。　　　　　　　　　▶ 3問×10点【計30点】

右の図は，一組の三角じょうぎを組み合わせたものです。

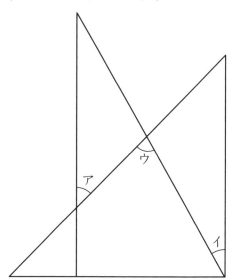

(1) アの角の大きさは何度ですか。

答　　　　　　　度

(2) イの角の大きさは何度ですか。

答　　　　　　　度

(3) ウの角の大きさは何度ですか。

答　　　　　　　度

▶▶ 一歩先を行く問題 ☺ ・・・・・・・・・・・・・・・・・・・・

4 次の問いに答えましょう。　　　　　　　　　▶ 2問×15点【計30点】

下の図で，AB，BC，CD，DE はすべて同じ長さです。

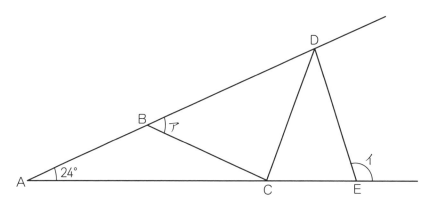

(1) アの角の大きさは何度ですか。　　　　　　　答　　　　　　度

(2) イの角の大きさは何度ですか。　　　　　　　答　　　　　　度

まとめ 三角形の先取り問題だよ。**4** はむずかしい問題だね。
二等辺三角形の性質などを使うと解けるからチャレンジしてみようね！

1 次の問いに答えましょう。

▶ 4問×10点【計40点】

(1) 右の図で，アの角の大きさは何度で
すか。

答　　　　　度

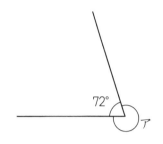

(2) 右の図で，アの角の大きさは何度で
すか。

答　　　　　度

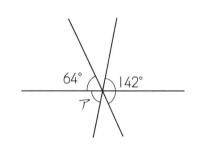

(3) 右の図で，あといは平行です。
アの角の大きさは何度ですか。

答　　　　　度

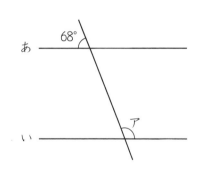

(4) 右の図で，あといは平行です。
アの角の大きさは何度ですか。

答　　　　　度

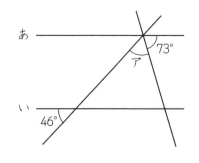

2 次の問いに答えましょう。

▶2問×15点【計30点】

（1） 右の図で，アの角の大きさは何度で
すか。

答 ＿＿＿＿＿ 度

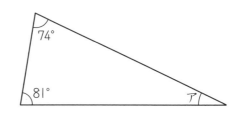

（2） 右の図で，アの角の大きさは何度で
すか。

答 ＿＿＿＿＿ 度

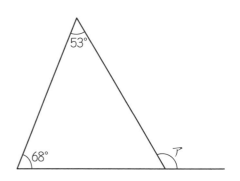

3 次の問いに答えましょう。

▶2問×15点【計30点】

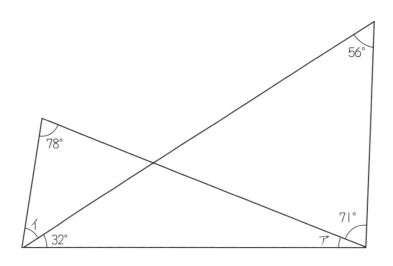

（1） アの角の大きさは何度ですか。

答 ＿＿＿＿＿ 度

（2） イの角の大きさは何度ですか。

答 ＿＿＿＿＿ 度

答え☞112ページ

  角度のかくにんテストだよ。**2**と**3**の問題は，三角形の内角の和が180°であるこ
とを応用すれば解けるよ。がんばって考えよう！

62

四角形 (1)

1 次の問いに答えましょう。　　　　　　　▶6問×10点【計60点】

(1) 1辺が3cmの正方形のまわりの長さは何cmですか。

答　　　　　　cm

(2) 1辺が5cmの正方形のまわりの長さは何cmですか。

答　　　　　　cm

(3) 2辺が4cmと5cmの長方形のまわりの長さは何cmですか。

答　　　　　　cm

(4) 2辺が7cmと9cmの長方形のまわりの長さは何cmですか。

答　　　　　　cm

(5) まわりの長さが60cmの正方形の1辺の長さは何cmですか。

答　　　　　　cm

(6) まわりの長さが50cmで，たてが9cmの長方形があります。この長方形の横の長さは何cmですか。

答　　　　　　cm

2 次の問いに答えましょう。　　　　　　　　▶2問×10点【計20点】

(1)　右の図は，正方形を2つならべたも
のです。この図形のまわりの長さは何
cm ですか。

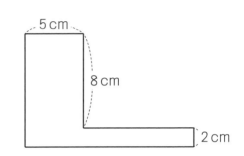

答　　　　　　　cm

(2)　右の図は，長方形から正方形を切り
取ったものです。この図形のまわりの
長さは何 cm ですか。

答　　　　　　　cm

▶▶ 一歩先を行く問題 👉 ・・・・・・・・・・・・・・・・・・・・・・

3 次の問いに答えましょう。　　　　　　　　▶2問×10点【計20点】

　まわりの長さが42cm で，たての長さが横の長さより5cm 短い長
方形があります。

(1)　この長方形のたてと横の長さの和は何 cm ですか。

答　　　　　　　cm

(2)　この長方形の横の長さは何 cm ですか。

答　　　　　　　cm

まとめ  四角形の問題だよ。**2**のようなまわりの長さを求める問題では，図形を大きな長
方形でかこむことがポイントだよ！

四角形 (2)

1 次の問いに答えましょう。

▶ 2問×10点【計20点】

右の図形は平行四辺形です。

(1) アの角の大きさは何度ですか。

答 　　　　　度

(2) イの角の大きさは何度ですか。

答 　　　　　度

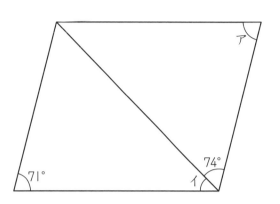

2 次の問いに答えましょう。

▶ 2問×10点【計20点】

右の図形はひし形です。

(1) アの角の大きさは何度ですか。

答 　　　　　度

(2) イの角の大きさは何度ですか。

答 　　　　　度

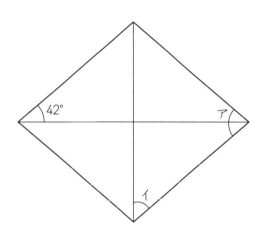

3 次の問いに答えましょう。　　　　　　　　▶4問×5点【計20点】

次のことが正しければ○，正しくなければ×をつけましょう。

(1) 4つの辺の長さが等しい四角形はすべて正方形である。

　　　　　　　　　　　　　　　　　　　　　答 _____

(2) 長方形の4つの角はすべて90度である。　　答 _____

(3) 2本の対角線が垂直なのはひし形だけである。　答 _____

(4) 台形の2本の対角線の長さは等しい。　　答 _____

▶▶ 一歩先を行く問題 ☞ ⋯⋯⋯⋯⋯⋯⋯⋯⋯⋯⋯ ▰▰

4 次の問いに答えましょう。　　　　　　　　▶2問×20点【計40点】

　右の図の四角形ABCDは平行四辺形で，DC = CE，BC = CFです。

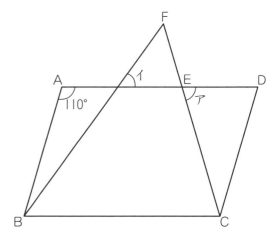

(1) アの角の大きさは何度ですか。

　　　　　　　答 _____ 度

(2) イの角の大きさは何度ですか。

　　　　　　　答 _____ 度

 まとめ

四角形の問題だよ。
正方形，長方形，平行四辺形，ひし形，台形の性質をまとめておこうね。

面積 (1)

1 次の問いに答えましょう。　　　　　　　　　　　　▶6問×10点【計60点】

(1) 1辺4cm の正方形の面積は何 cm^2 ですか。

答　　　　　　cm^2

(2) たて4cm, 横6cm の長方形の面積は何 cm^2 ですか。

答　　　　　　cm^2

(3) 面積が25cm^2 の正方形の1辺は何 cm ですか。

答　　　　　　cm

(4) 面積が24cm^2 で, たてが4cm の長方形の横の長さは何 cm ですか。

答　　　　　　cm

(5) まわりの長さが36cm の正方形の面積は何 cm^2 ですか。

答　　　　　　cm^2

(6) まわりの長さが40cm で, たてが7cm の長方形の面積は何 cm^2 ですか。

答　　　　　　cm^2

2 次の問いに答えましょう。

▶ 2問×10点【計20点】

(1) 右の図は，2つ正方形をならべたものです。この図形の面積は何 cm² ですか。

答 [＿＿＿＿＿＿] cm²

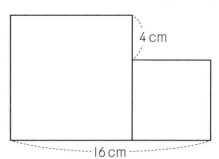

(2) 右の図は，長方形から正方形を切り取ったものです。この図形の面積は何 cm² ですか。

答 [＿＿＿＿＿＿] cm²

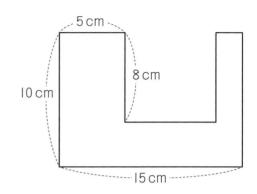

▶▶ 一歩先を行く問題 ☞ •

3 次の問いに答えましょう。

▶ 2問×10点【計20点】

下の図は，長方形を組み合わせた図形です。

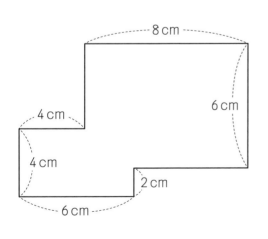

(1) この図形のまわりの長さは何 cm ですか。

答 [＿＿＿＿＿＿] cm

(2) この図形の面積は何 cm² ですか。

答 [＿＿＿＿＿＿] cm²

ここからは面積の問題だよ。新しい単位 cm² が出てきたね。
これからよく出てくるから，覚えておこう！

面積 (2)

1 次の問いに答えましょう。

▶ 4問×10点【計40点】

(1) 右の図は，1辺9cmの正方形から，1辺3cmの正方形を取りのぞいたものです。この図形の面積は何 cm² ですか。

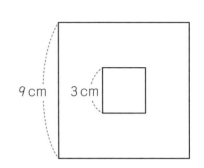

答 _____ cm²

(2) 右の図は，長方形から，2つの正方形を取りのぞいたものです。この図形の面積は何 cm² ですか。

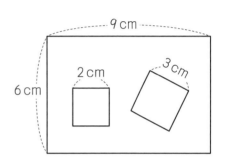

答 _____ cm²

(3) 右の図は，長方形を組み合わせた図形です。この図形の面積は何 cm² ですか。

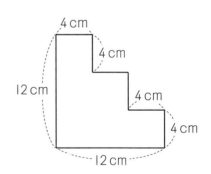

答 _____ cm²

(4) 右の図は，長方形を組み合わせた図形です。この図形の面積は何 cm² ですか。

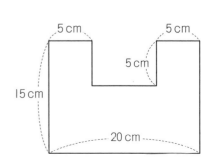

答 _____ cm²

2 次の問いに答えましょう。　　　　　　　▶ 2問×15点【計30点】

下の図のように，長方形の土地にはば2mの道を作りました。

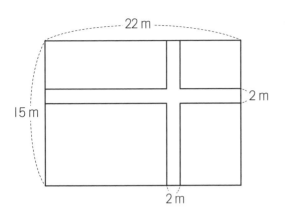

(1) 道の面積は何 m² ですか。

　　　　　　　　　　答　　　　　　　　　　m²

(2) 道以外の面積は何 m² ですか。

　　　　　　　　　　答　　　　　　　　　　m²

▶▶ 一歩先を行く問題 ☺ ・・・・・・・・・・・・・・・・・・・・・・・・・・・・・

3 次の問いに答えましょう。　　　　　　　▶ 2問×15点【計30点】

正方形と長方形を組み合わせたところ，重なった部分が正方形になりました。

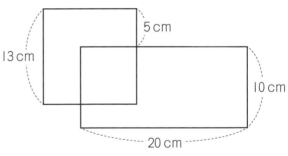

(1) 重なった部分の面積は何 cm² ですか。

　　　　　　　　　　答　　　　　　　　　　cm²

(2) この図形の面積は何 cm² ですか。

　　　　　　　　　　答　　　　　　　　　　cm²

まとめ

面積の問題だよ。今回は，正方形や長方形を組み合わせた図形を学習したね！
数値の書かれていないところは読み取ってみてね。

第35回 小学4年の図形と文章題
かくにんテスト
（第31〜34回）

月　日（　時　分〜　時　分）
なまえ

点
100点

1 次の問いに答えましょう。

▶5問×10点【計50点】

(1) 1辺が4cmの正方形のまわりの長さは何cmですか。

答　　　　　　　cm

(2) 2辺が5cmと7cmの長方形のまわりの長さは何cmですか。

答　　　　　　　cm

(3) まわりの長さが72cmの正方形の1辺の長さは何cmですか。

答　　　　　　　cm

(4) 右の図は平行四辺形です。アの角の大きさは何度ですか。

答　　　　　　　度

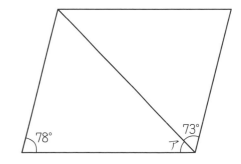

(5) 右の図形はひし形です。アの角の大きさは何度ですか。

答　　　　　　　度

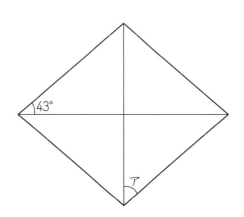

2 次の問いに答えましょう。 ▶3問×10点【計30点】

(1) 1辺8cm の正方形の面積は何 cm² ですか。

答 　　　　　　　cm²

(2) たて7cm, 横11cm の長方形の面積は何 cm² ですか。

答 　　　　　　　cm²

(3) 面積が49cm² の正方形の1辺は何 cm ですか。

答 　　　　　　　cm

3 次の問いに答えましょう。 ▶2問×10点【計20点】

　正方形を2つ組み合わせたところ, 重なった部分が正方形になりました。

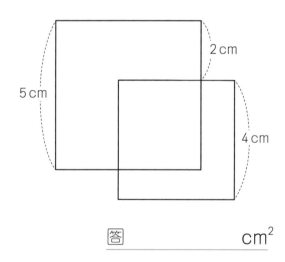

5 cm
2 cm
4 cm

(1) 重なった部分の面積は何 cm² ですか。

答 　　　　　　　cm²

(2) この図形の面積は全部で何 cm² ですか。

答 　　　　　　　cm²

  面積の問題のかくにんテストだよ。
今回は, 面積など大切な単元を学習したよ。しっかりふく習しておこう！

第36回

小学4年の図形と文章題

面積 (3)

なまえ

点／100点

1 次の問いに答えましょう。

▶ 8問×6点【計48点】

(1) $1a = $ ⬚ m^2

(2) $1ha = $ ⬚ m^2

(3) $1ha = $ ⬚ a

(4) $1km^2 = $ ⬚ m^2

(5) $1km^2 = $ ⬚ ha

(6) $25a = $ ⬚ m^2

(7) $30000m^2 = $ ⬚ ha

(8) $65ha = $ ⬚ a

2 次の問いに答えましょう。　　　　　　　　　▶ 4問×9点【計36点】

(1) 1辺50mの正方形の面積は何aですか。

答 ＿＿＿＿＿ a

(2) 1辺500mの正方形の面積は何haですか。

答 ＿＿＿＿＿ ha

(3) たて30m，横60mの長方形の面積は何aですか。

答 ＿＿＿＿＿ a

(4) たて300m，横600mの長方形の面積は何haですか。

答 ＿＿＿＿＿ ha

▶▶ 一歩先を行く問題  •

3 次の問いに答えましょう。　　　　　　　　　▶ 2問×8点【計16点】

たて4000m，横5000mの長方形の土地があります。

(1) この土地の面積は何haですか。

答 ＿＿＿＿＿ ha

(2) この土地の面積は何km²ですか。

答 ＿＿＿＿＿ km²

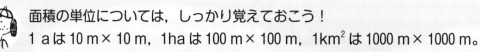

まとめ　面積の単位については，しっかり覚えておこう！
1 a は 10 m × 10 m，1ha は 100 m × 100 m，1km² は 1000 m × 1000 m。

第37回

小学4年の図形と文章題

直方体と立方体 (1)

1 次の問いに答えましょう。　　　　　　　▶ 3問×10点【計30点】

(1) 直方体には, 辺が □ 本, 頂点が □ こ, 面が □ こあります。

(2) 立方体には, 辺が □ 本, 頂点が □ こ, 面が □ こあります。

(3) 直方体には, 形も大きさも同じ面が □ こずつ, □ 組あります。

2 次の問いに答えましょう。　　　　　　　▶ 2問×10点【計20点】

(1) １辺が7cm の立方体があります。この立方体の辺の長さの合計は何cm ですか。

答 　　　　　　　cm

(2) 3辺が5cm, 7cm, 9cm の直方体があります。この直方体の辺の長さの合計は何cm ですか。

答 　　　　　　　cm

3 次の問いに答えましょう。 ▶2問×10点【計20点】

(1) 1辺が6cmの立方体があります。この立方体の面の面積の合計は何cm² ですか。

答 _____ cm²

(2) 3辺が3cm，4cm，5cmの直方体があります。この直方体の面の面積の合計は何 cm² ですか。

答 _____ cm²

▶▶ 一歩先を行く問題 ☜ •

4 次の問いに答えましょう。 ▶2問×15点【計30点】

右の図のような，直方体があります。

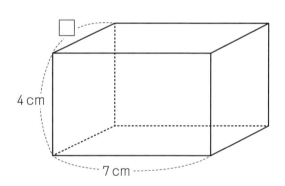

(1) この直方体の辺の数と面の数の合計から頂点の数をひくといくつになりますか。

答 _____

(2) 辺の長さの合計が64cmのとき，図の□は何cmになりますか。

答 _____ cm

  直方体と立方体の問題だよ。直方体や立方体にはおもしろい問題が多いので，楽しみながら取り組んでほしいな。

直方体と立方体 (2)

月　日（　時　分〜　時　分）

なまえ

点 / 100 点

1 次の問いに答えましょう。

▶ 1 問×40 点 (完答)【計 40 点】

　次のア〜ケの展開図を組み立てたとき，立方体になるものをすべて選びましょう。

ア
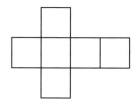

イ
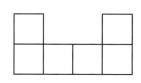

ウ
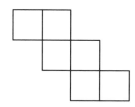

エ
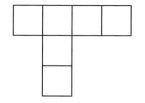

オ
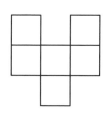

カ
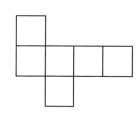

キ
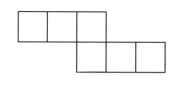

ク
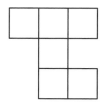

ケ
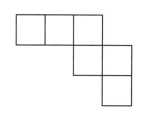

答

2 次の問いに答えましょう。 ▶2問×15点【計30点】

(1) 右の図は，直方体の展開図です。辺
の長さの合計は何 cm ですか。

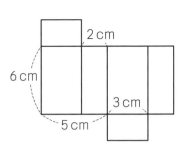

答 _____ cm

(2) 右の図は，立方体の展開図です。辺
の長さの合計は何 cm ですか。

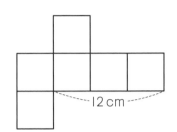

答 _____ cm

▶▶ 一歩先を行く問題 ☜ ••••••••••••••••

3 次の問いに答えましょう。 ▶2問×15点【計30点】

右の図は，直方体の展開図です。

(1) アの長さは何 cm ですか。

答 _____ cm

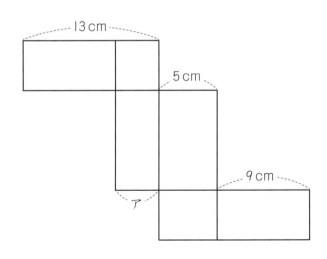

(2) この直方体の辺の長さの合
計は何 cm ですか。

答 _____ cm

まとめ 直方体と立方体の問題だよ。
平面図形から立体図形を想像するのは大変だったね。あきらめずにがんばろう。

第39回

小学4年の図形と文章題

直方体と立方体 (3)

月　日（　時　分～　時　分）

なまえ

点 / 100点

---

1 次の問いに答えましょう。

▶ 4問×15点【計60点】

(1) 右の図は、立方体の展開図です。アの面と平行な面は①〜③のどれですか。

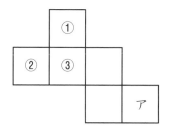

答

(2) 右の図は、立方体の展開図です。アの面と平行な面は①〜③のどれですか。

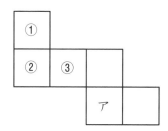

答

(3) 立方体に、右の図のようなリボンをかけました。結び目に15cmのリボンを使うと、リボンは何cm使いますか。

答　　　　cm

(4) 直方体に、右の図のようなリボンをかけました。結び目に15cmのリボンを使うと、リボンは何cm使いますか。

答　　　　cm

2 次の問いに答えましょう。　　　　　　　　▶2問×10点【計20点】

右の図は直方体の展開図です。

(1) アの長さは何cmですか。

答　　　　　　　 cm

(2) この直方体の辺の長さの合計は何
cmですか。

答　　　　　　　 cm

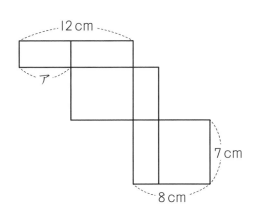

▶▶ 一歩先を行く問題 ☞ ••••••••••••••••••••

3 次の問いに答えましょう。　　　　　　　　▶2問×10点【計20点】

図1のような直方体があります。
下の図2は、この直方体の展開図
です。

(1) 図2のアは図1のどの点ですか。

答　　　　　　　

(2) 図2のイの長さは何cmですか。

答　　　　　　　 cm

図1

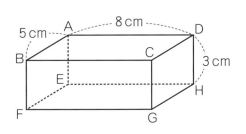

図2

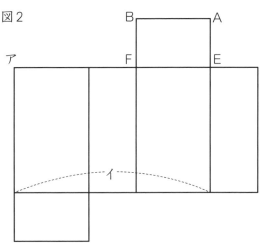

まとめ

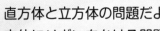

直方体と立方体の問題だよ。
立体にリボンをかける問題は、見えない部分を想像しながらやってね。

80

第40回

小学4年の図形と文章題

かくにんテスト
(第36〜39回)

1 次の問いに答えましょう。

▶ 7問×8点【計56点】

(1)　$15a = $ ☐ m^2

(2)　$0.3ha = $ ☐ m^2

(3)　$25ha = $ ☐ a

(4)　$30000m^2 = $ ☐ ha

(5)　$65ha = $ ☐ a

(6)　1辺が5cmの立方体があります。この立方体の面の面積の合計は何 cm^2 ですか。

答　　　　　　　　cm^2

(7)　3辺が3cm，6cm，7cmの直方体があります。この直方体の面の面積の合計は何 cm^2 ですか。

答　　　　　　　　cm^2

2 次の問いに答えましょう。 ▶2問×10点【計20点】

(1) 右の図は，直方体の展開図です。辺の長さの合計は何cmですか。

3 cm
11 cm
8 cm
4 cm

答 _____ cm

(2) 右の図は，立方体の展開図です。辺の長さの合計は何cmですか。

24 cm

答 _____ cm

3 次の問いに答えましょう。 ▶2問×12点【計24点】

(1) 立方体に，右の図のようにリボンをかけました。結び目に15cmのリボンを使いました。リボンは何cm使いましたか。

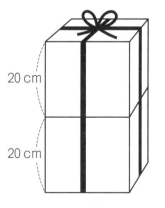

20 cm

答 _____ cm

(2) 立方体を2だん積み，右の図のようにリボンをかけました。結び目に15cmのリボンを使うと，リボンは何cm使いますか。

20 cm
20 cm

答 _____ cm

まとめ 面積と直方体，立方体のかくにんテストだよ。面積の単位はくり返しふく習しておこう。

図形 (1)

1 次の問いに答えましょう。

▶ 4問×10点【計40点】

(1) 次のように，平行四辺形の一部を移動させると長方形ができます。

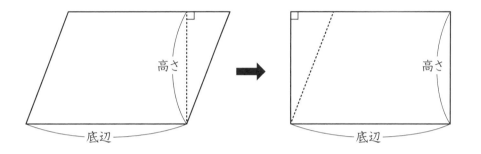

したがって，平行四辺形の面積は，底辺 × ⬜ で求まります。

(2) 底辺が8cm で，高さが4cm の平行四辺形の面積は何 cm² ですか。

答　　　　　　　　cm²

(3) 底辺が12cm で，高さが6cm の平行四辺形の面積は何 cm² ですか。

答　　　　　　　　cm²

(4) 右の図の平行四辺形の面積は
何 cm² ですか。

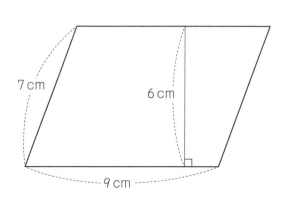

答　　　　　　　　cm²

2 次の問いに答えましょう。

▶ 2問×15点【計30点】

(1) 底辺が8cmで，面積が32cm² の平行四辺形があります。この平行四辺形の高さは何cmですか。

答 _____ cm

(2) 高さが6cmで，面積が48cm² の平行四辺形があります。この平行四辺形の底辺は何cmですか。

答 _____ cm

▶▶ 一歩先を行く問題 ☞ •••••••••••••••••••••••••••

3 次の問いに答えましょう。

▶ 2問×15点【計30点】

右の図の四角形は平行四辺形です。

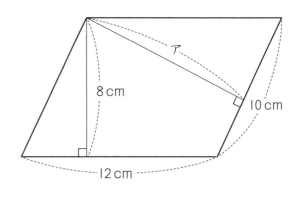

(1) この平行四辺形の面積は何cm² ですか。

答 _____ cm²

(2) アの長さは何cmですか。

答 _____ cm

まとめ 図形の「先取り」問題だよ。
なぜ平行四辺形の面積が，「底辺×高さ」で求められるのか，わかったね！

図形 (2)

月 日 (時 分 ～ 時 分)

なまえ

点 / 100点

1 次の問いに答えましょう。

▶ 3問×16点【計48点】

(1) 次のように，同じ台形を2つ合わせると平行四辺形ができます。

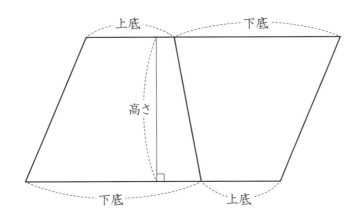

平行四辺形の面積は底辺×[ ]ですから，台形の面積は，

(上底+[ ]) ×[ ] ÷[ ] で求まります。

(2) 上底が4cm，下底が6cmで，高さが5cmの台形の面積は何cm²ですか。

答 [ ] cm²

(3) 上底が3cm，下底が8cmで，高さが6cmの台形の面積は何cm²ですか。

答 [ ] cm²

2 次の問いに答えましょう。 ▶2問×11点【計22点】

(1) 上底が4cm，下底が6cmで，面積が40cm²の台形があります。この台形の高さは何cmですか。

答 [   ] cm

(2) 上底が4cm，高さが5cmで，面積が45cm²の台形があります。この台形の下底は何cmですか。

答 [   ] cm

▶▶ 一歩先を行く問題 👀 •

3 次の問いに答えましょう。 ▶2問×15点【計30点】

右の図のように，台形ABCDをEFで面積の等しいアとイの部分に分けました。

(1) アの面積は何cm²ですか。

答 [   ] cm²

(2) ADの長さは何cmですか。

答 [   ] cm

答え☞114ページ

まとめ

図形の先取り問題だよ。台形の面積の求め方がわかったね。
公式だけでなく，求め方も理解しておいてね。

図形 (3)

1 次の問いに答えましょう。

▶ 3問×16点【計48点】

(1) 次のように，同じ三角形を2つ合わせると平行四辺形ができます。

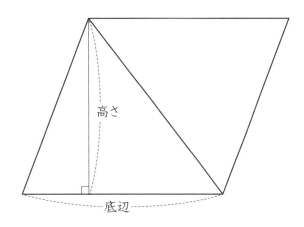

高さ

底辺

平行四辺形の面積は底辺× [ ] ですから，

三角形の面積は，底辺× [ ] ÷ [ ] で求まります。

(2) 底辺が8cm で，高さが5cm の三角形の面積は何 cm² ですか。

答 [ ] cm²

(3) 底辺が12cm で，高さが9cm の三角形の面積は何 cm² ですか。

答 [ ] cm²

2 次の問いに答えましょう。

▶ 2問×11点【計22点】

(1) 底辺が4cmで，面積が20cm²の三角形があります。この三角形の高さは何cmですか。

答 _____ cm

(2) 高さが5cmで，面積が25cm²の三角形があります。この三角形の底辺は何cmですか。

答 _____ cm

▶▶ 一歩先を行く問題 ☞ •

3 次の問いに答えましょう。

▶ 2問×15点【計30点】

右の図のような，直角三角形があります。

(1) 三角形 ABC の面積は何cm²ですか。

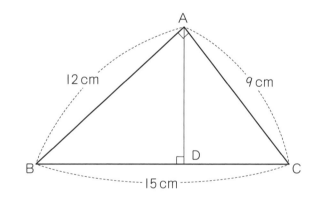

答 _____ cm²

(2) AD の長さは何cmですか。

答 _____ cm

まとめ 図形の先取り問題だよ。三角形の面積の求め方がわかったね。
公式を使えるだけでなく，公式の求め方も理解しておこう。

図形 (4)

1 次の問いに答えましょう。　　　　　　　　　▶3問×16点【計48点】

(1) 次の図のように，ひし形を対角線と平行な直線でできた長方形でかこむと，8この直角三角形ができます。

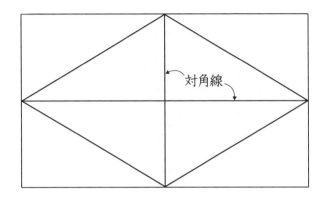

できた8この直角三角形の面積は同じですから，

ひし形の面積は，対角線×対角線÷ □ で求まります。

(2) 対角線が8cm と 5cm のひし形の面積は何 cm² ですか。

答　　　　　　　　cm²

(3) 対角線が6cm と 12cm のひし形の面積は何 cm² ですか。

答　　　　　　　　cm²

2 次の問いに答えましょう。 ▶ 2問×11点【計22点】

(1) １つの対角線が8cmで，面積が24cm² のひし形のもう１つの対角線の長さは何cmですか。

答 ＿＿＿＿＿ cm

(2) １つの対角線が9cmで，面積が54cm² のひし形のもう１つの対角線の長さは何cmですか。

答 ＿＿＿＿＿ cm

▶▶ 一歩先を行く問題 ☞ ・・・・・・・・・・・・・・・・・・ ●●

3 次の問いに答えましょう。 ▶ 2問×15点【計30点】

右の図は，直角二等辺三角形です。

(1) この直角二等辺三角形を4つならべるとひし形ができます。そのひし形の面積は何cm² ですか。

答 ＿＿＿＿＿ cm²

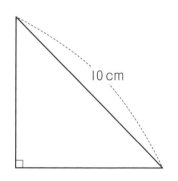
10cm

(2) この直角二等辺三角形の面積は何cm² ですか。

答 ＿＿＿＿＿ cm²

  図形の先取り問題だよ。ひし形の面積の求め方がわかったね。
公式だけじゃなくて，その求め方も理解しておかなきゃだめだよ。

第45回

小学4年の図形と文章題

かくにんテスト
（第41〜44回）

月　日（　時　分〜　時　分）

なまえ

点
/100点

1 次の問いに答えましょう。

▶6問×8点【計48点】

(1) 底辺が7cm で，高さが6cm の平行四辺形の面積は何 cm² ですか。

答　　　　　　　　cm²

(2) 上底が6cm，下底が9cm で，高さが4cm の台形の面積は何 cm² ですか。

答　　　　　　　　cm²

(3) 上底が5cm，下底が7cm で，高さが6cm の台形の面積は何 cm² ですか。

答　　　　　　　　cm²

(4) 底辺が12cm で，高さが8cm の三角形の面積は何 cm² ですか。

答　　　　　　　　cm²

(5) 底辺が15cm で，高さが10cm の三角形の面積は何 cm² ですか。

答　　　　　　　　cm²

(6) 対角線が13cm と 16cm のひし形の面積は何 cm² ですか。

答　　　　　　　　cm²

2 次の問いに答えましょう。　　　　　　　　　　　　　　▶3問×10点【計30点】

(1)　上底が2cm，高さが5cmで，面積が21cm² の台形があります。この台形の下底は何cmですか。

答　　　　　　　　　cm

(2)　高さが6cmで，面積が24cm² の三角形があります。この三角形の底辺は何cmですか。

答　　　　　　　　　cm

(3)　1つの対角線が7cmで，面積が42cm² のひし形のもう1つの対角線の長さは何cmですか。

答　　　　　　　　　cm

3 右の図の四角形について，後の問いに答えましょう。　　▶2問×11点【計22点】

(1)　三角形DBFの面積は何cm² ですか。

答　　　　　　　cm²

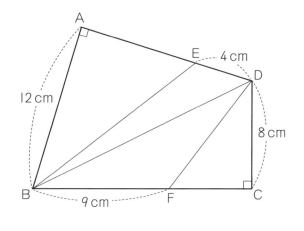

(2)　四角形EBFDの面積は何cm² ですか。

答　　　　　　　cm²

まとめ

図形に関するかくにんテストだよ。
5年生になると，この面積の問題は大切だから，ふく習しておこうね。

4年生のまとめ (1)

1 次の問いに答えましょう。　　　　　　　　　　　▶5問×10点【計50点】

(1)　96まいの色紙を，6人で同じ数ずつ分けました。1人分は何まいに
なりますか。

答　　　　　　　まい

(2)　70本のえんぴつを，5人で同じ数ずつ分けました。1人分は何本に
なりますか。

答　　　　　　　本

(3)　2m46cmのテープがあります。6cmずつ切ると，6cmのテープは
何本取れますか。

答　　　　　　　本

(4)　238このあめを，7人で同じ数ずつ分けると，1人分は何こになりま
すか。

答　　　　　　　こ

(5)　108このあめを，12人で同じ数ずつ分けると，1人
分は何こになりますか。

答　　　　　　　こ

2 次の問いに答えましょう。 ▶2問×10点【計20点】

(1) リボンが164本あります。このリボンを1人17本ずつ配ったところ，11本あまりました。何人に配りましたか。

答 　　　　　　　人

(2) ある数を22でわると，商が8でわりきれました。この数を11でわると，答えはいくつになりますか。

答 　　　　　　　

▶▶ 一歩先を行く問題 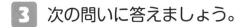 • • • • • • • • • • • • • • • •

3 次の問いに答えましょう。 ▶2問×15点【計30点】

(1) 410まいの色紙を，16人で同じ数ずつ分けました。1人分は何まいになりますか。また，何まいあまりますか。

答 　　　　まい，あまり　　　まい

(2) 1箱に15このクッキーが入っています。7箱のクッキーを18人で同じ数ずつ分けると，1人分は何こになりますか。また，何こあまりますか。

答 　　　　こ，あまり　　　こ

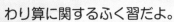
わり算に関するふく習だよ。
2けたでわったり，あまりを求める計算をしっかりできるようにしておこう。

94

第 47 回

小学 4 年の図形と文章題

4 年生のまとめ (2)

1 次の問いに答えましょう。

▶ 5 問×10 点【計 50 点】

(1)　3.18m のテープと 2.95m のテープがあります。合わせて何 m ありますか。

答　　　　　　　　m

(2)　1 本の長さが 14.6cm のテープがあります。このテープ 24 本の長さは何 cm ですか。

答　　　　　　　　cm

(3)　1 さつの重さが 1.28kg の本があります。この本 12 さつの重さは何 kg ですか。

答　　　　　　　　kg

(4)　76.4cm のテープから 12cm のテープを切り取っていくと, 12cm のテープは何本取れますか。また, 何 cm あまりますか。

答　　　　　本, あまり　　　　　cm

(5)　はり金 35 本の重さが 217kg あります。このはり金 1 本の重さは何 kg ですか。

答　　　　　　　　kg

2 次の問いに答えましょう。　　　　　　　　　　▶ 2問×10点【計20点】

(1) $3\frac{2}{7}$ m のテープと $1\frac{6}{7}$ m のテープがあります。合わせて何 m ありますか。

　　　　　　　　　　　　　　　　答 _____ m

(2) 重さ $\frac{4}{9}$ kg のバケツに水を入れたところ, $4\frac{1}{9}$ kg になりました。水の重さは何 kg ですか。

　　　　　　　　　　　　　　　　答 _____ kg

▶▶ 一歩先を行く問題 ☞ ・・・・・・・・・・・・・・・・・・・・・

3 次の問いに答えましょう。　　　　　　　　　　▶ 3問×10点【計30点】

(1) 18 の 1.5 倍はいくつですか。

　　　　　　　　　　　　　　　　答 _____

(2) ボールペンのねだんは 270 円で, えんぴつのねだんの 3 倍です。えんぴつのねだんは何円ですか。

　　　　　　　　　　　　　　　　答 _____ 円

(3) 赤いテープは 84.3cm で, 青いテープの 3 倍です。青いテープの長さは何 cm ですか。

　　　　　　　　　　　　　　　　答 _____ cm

 まとめ

小数, 分数, 割合のふく習だよ。
小数のわり算は重要だから, しっかりできるように練習しておこう！

第48回

小学4年の図形と文章題

4年生のまとめ (3)

なまえ

点 / 100点

1 次の問いに答えましょう。

▶5問×10点【計50点】

(1) 右の図で，直線あ，いは平行です。ア
の角の大きさは何度ですか。

答　　　　　度

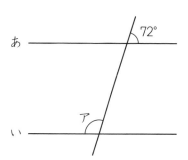

(2) 右の図のアの角の大きさは何度です
か。

答　　　　　度

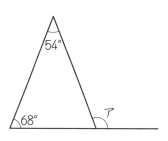

(3) 右の図形は平行四辺形です。アの角
の大きさは何度ですか。

答　　　　　度

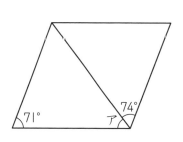

(4) 1辺7cmの正方形の面積は何cm² ですか。

答　　　　　cm²

(5) たて6cm，横9cmの長方形の面積は何cm² ですか。

答　　　　　cm²

2 次の問いに答えましょう。　　　　　　　　　　　▶2問×10点【計20点】

(1) 右の図は，正方形を2つならべたものです。この図形の面積は，合計で何cm² ですか。

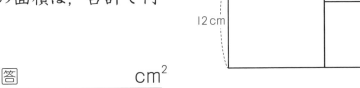

答　　　　　　　cm²

(2) 右の図は，長方形から正方形を切り取ったものです。この図形の面積は何cm² ですか。

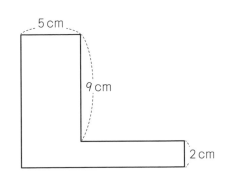

答　　　　　　　cm²

3 次の問いに答えましょう。　　　　　　　　　　　▶2問×15点【計30点】

(1) 1辺が6cm の立方体があります。この立方体の面の面積は，合計で何cm² ですか。

答　　　　　　　cm²

(2) 3辺が3cm，4cm，5cm の直方体があります。この直方体の面の面積は，合計で何cm² ですか。

答　　　　　　　cm²

まとめ　平面図形の角度，面積と立体図形のふく習だよ。どれも重要な単元だから，しっかりできるようにしておこう。

第49回

小学4年の図形と文章題

チャレンジ (1)

1 次の問いに答えましょう。

▶1問×25点（完答）【計25点】

　右の図の四角形 ABCD は平行四辺形で，三角形 ABE と三角形CDEは二等辺三角形です。角ア，角イの大きさを求めなさい。

（玉川聖学院中）

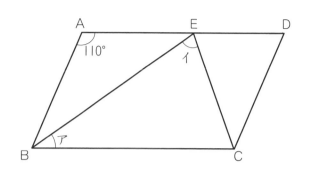

答 ア　　　　度，イ　　　　度

2 次の問いに答えましょう。

▶1問×25点（完答）【計25点】

　右の図で，直線 L と M は平行です。角ア，角イの大きさを求めなさい。

（聖園女学院中）

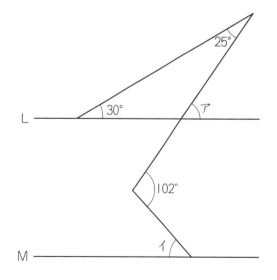

答 ア　　　　度，イ　　　　度

3 次の問いに答えましょう。　　　　　　　　　▶2問×15点【計30点】

　たて 39cm，横 63cm の画用紙を1回切って正方形と長方形になる
ように切り分けます。この作業をくり返してすべてが正方形になるま
で切りました。

（世田谷学園中）

（1）　一番小さい正方形の1辺の長さは何 cm ですか。

答　　　　　　cm

（2）　全部で何まいの正方形になりましたか。

答　　　　　　まい

4 次の空所にあてはまる数を答えましょう。　　▶1問×20点（完答）【計20点】

　右の 3 × 3 のそれぞれには数が1つずつ
入ります。たて，横，ななめ1列のたした
数がすべて等しくなるように数を入れた
とき，A のマスにあてはまる数は　　で，
B のマスにあてはまる数は　　です。

（公文国際学園中）

10	7	
	A	
5	B	

答 A　　　　　 B

中学入試問題だよ。すべて4年生の知識で解けるからチャレンジしてみよう。
かなりむずかしい問題もあるけど，あせらず時間をかけて取り組もうね！

チャレンジ (2)

1 次の問いに答えましょう。　　　　　　　　　　　▶1問×20点【計20点】

右の図の中に三角形は全部で何こありますか。

（青稜中）

答　　　　　　　　　こ

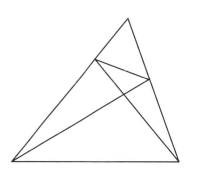

2 次の問いに答えましょう。　　　　　　　　　　　▶1問×20点【計20点】

右の図の四角形 ABCD は正方形で，BC と EC の長さは同じです。また，角 ADE の大きさは28度です。このとき，角アの大きさは何度ですか。　（専修大学松戸中）

答　　　　　　　　　度

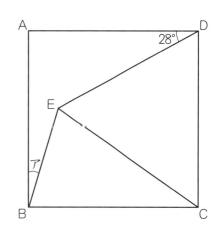

3 次の問いに答えましょう。　　　　　　　　　　　▶1問×20点【計20点】

図の三角形 ABC と三角形 ACD は正三角形で，四角形 ABEF は正方形です。角アの大きさを求めなさい。

（獨協埼玉中）

答　　　　　　　　　度

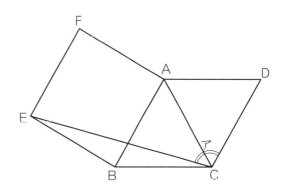

4 次の問いに答えましょう。　　　　　　　　　　　▶1問×20点【計20点】

下の図で，角アの大きさは何度ですか。ただし，同じ印のついた角
の大きさは等しいものとします。

（海城中）

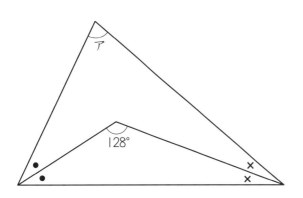

答　　　　　　　度

5 次の問いに答えましょう。　　　　　　　　　　　▶1問×20点【計20点】

右の図において，三角形の外角の性質※を用いると，

$$80° ＋ ○○ ＝ ××$$

となる。このとき，角ア
の大きさを求めなさい。
ただし，○印，×印は，そ
れぞれ同じ大きさである
ことを表しています。

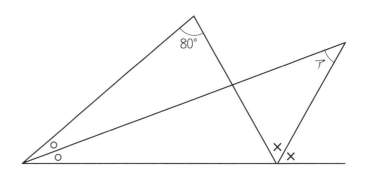

（日大豊山中〈改〉）

答　　　　　　　度

※三角形の外角の性質…三角形の外角（1辺とそのとなりの辺の延長とにはさまれた角のこと）
　　　　　　　　　　　は，そのとなりにない2つの内角の和に等しい。

まとめ さあ，これで『小学4年の図形と文章題』はカンペキになったよね！
102　　　　　　　　　5年生になったら，またこの『リーダードリル』で会おうね！

答え

本書の問題の答えです。まちがえた問題は，正しい答えが出るまでしっかりふく習しましょう。

【保護者様へ】
学習指導のヒント・解説・注意点など

四谷大塚からの↓アドバイス

第1回 3年生のふく習 (1) ↓ ●問題 3 ページ

1 (1) 1634 (2) 2025 (3) 5344 (4) 16383

2 (1) 210 円 (2) 307 人

3 (1) 384 円 (2) 1980 円

4 (1) 4976 円 (2) 112 円

▶たし算，ひき算，かけ算の復習です。筆算の書き方，くり上がり，くり下がりに注意してください。
1 (1) $38 × 43 = 1634$ (2) $27 × 75 = 2025$
　(3) $167 × 32 = 5344$ (4) $381 × 43 = 16383$
2 (1) $135 + 75 = 210$ 円 (2) $625 - 318 = 307$ 人
3 (1) $48 × 8 = 384$ 円
　(2) $165 × 12 = 1980$ 円 ※ 1 ダース＝ 12 本 (個)
4 (1) $58 × 24 = 1392$ 円，
　　$224 × 16 + 1392 = 4976$ 円
　(2) $37 × 24 = 888$ 円，$1000 - 888 = 112$ 円

第2回 3年生のふく習 (2) ↓ ●問題 5 ページ

1 (1) 8 (2) 8, 2

2 (1) 7 まい (2) 9 本 (3) 6 人 (4) 7 本

3 (1) 5 こ，あまり 5 こ (2) 6 人，あまり 4 こ

4 (1) 8 人 (2) 7 人，あまり 1 まい

▶わり算の復習です。九九は計算の基本になります。しっかり暗唱できるようにしてください。
2 (1) $42 ÷ 6 = 7$ まい (2) $63 ÷ 7 = 9$ 本
　(3) $42 ÷ 7 = 6$ 人 (4) $35 ÷ 5 = 7$ 本
3 (1) $35 ÷ 6 = 5$ こ …5 こ
　(2) $40 ÷ 6 = 6$ 人 …4 こ
　※ 「あまり」は「…」で表してもよい (ただし，これは正式な数学記号ではない)。
4 (1) $62 - 6 = 56$ 本，$56 ÷ 7 = 8$ 人
　※ 62 本からあまった 6 本をひき，7 人でわる。
　(2) $10 × 5 = 50$ まい，$50 ÷ 7 = 7$ 人 …1 まい

第3回 3年生のふく習 (3) ↓ ●問題 7 ページ

1 (1) 7 (2) 21 (3) 2, 7 (4) 5 (5) $\frac{4}{7}$

　(6) $\frac{1}{6}$ (7) 5, 3

2 (1) 4.3m (2) 91.8kg

3 (1) $\frac{2}{5}$ L (2) 1kg

▶小数，分数の復習です。4 年生では 1 より大きい分数を学習します。
2 (1) $1.5 + 2.8 = 4.3$m
　(2) $36.2 + 19.4 = 55.6$kg，$36.2 + 55.6 = 91.8$kg
3 (1) $\frac{3}{5} - \frac{1}{5} = \frac{2}{5}$L
　(2) $\frac{5}{7} + \frac{2}{7} = 1$kg

第4回 3年生のふく習 (4) ↓ ●問題 9 ページ

1 (1) 10cm (2) 7cm (3) 7cm

2 (1) 6cm (2) 32cm

3 二等辺三角形：イ，ウ，ク

4 (1) 24cm (2) 32cm

▶図形の復習です。半径，直径や二等辺三角形，正三角形など定義をしっかり覚えておいてください。
1 (1) $5 × 2 = 10$cm
　(2) $14 ÷ 2 = 7$cm
　(3) $3.5 × 2 = 7$cm
2 (1) $5 + 7 = 12$cm，$12 ÷ 2 = 6$cm
　(2) $16 ÷ 2 = 8$cm，$8 × 4 = 32$cm
　※四角形アイウエの 4 つの辺は，すべて円の半径
　　(＝直径の半分の長さ)。
4 (1) $5 + 7 = 12$cm，$12 × 2 = 24$cm
　(2) $8 × 4 = 32$cm

第5回 かくにんテスト（第1～4回）

1 (1) 363 人　(2) 70 円　(3) 128 円　(4) 177 円

(5) $\frac{6}{7}$ kg

2 (1) 7 こ　(2) 5 人，あまり 3 こ　(3) 0.8dL

3 (1) 12cm　(2) 8cm

▶3年生のかくにんテストでは，計算が大切です。く
り上がり，くり下がりの計算をしっかり復習しておい
てください。

1 (1) 228 + 135 = 363 人　(2) 128 − 58 = 70 円
(3) 16 × 8 = 128 円　(4) 12×6+15×7＝177円
(5) $\frac{4}{7} + \frac{2}{7} = \frac{6}{7}$ kg

2 (1) 42 ÷ 6 = 7 こ　(2) 28 ÷ 5 = 5 人 …3 こ
(3) 1 − 0.2 = 0.8dL

3 (1) 6 × 2 = 12cm　(2) 16 ÷ 2 = 8cm

第6回 わり算（1）

1 (1) 23　(2) 28

2 (1) 21 こ　(2) 16 まい　(3) 12 本

3 (1) 22 分間　(2) 20 こ

4 (1) 70 まい　(2) 14 まい

▶わり算の文章題です。1けたでわるわり算では，商
が立てやすいので，筆算は難しくないでしょう。

2 (1) 84 ÷ 4 = 21 こ
(2) 80 ÷ 5 = 16 まい
(3) 72 ÷ 6 = 12 本

3 (1) 88 ÷ 4 = 22 分間
(2) 12 × 5 ÷ 3 = 20 こ

4 (1) 90 − 5 × 4 = 70 まい
(2) 70 ÷ 5 = 14 まい

第7回 わり算（2）

1 (1) 20…2　(2) 26…2

2 (1) 22 こ，あまり 2 こ　(2) 11 まい，あまり 3 まい
(3) 12 こ，あまり 3 こ

3 (1) 10 こ，あまり 2 こ　(2) 8 本，あまり 4 本

4 (1) 1 こ　(2) 6 こ

▶わり算のあまりのある文章題です。わり算の答えの
ことを「商」，かけ算の答えのことを「積」といいます。

2 (1) 90 ÷ 4 = 22 こ …2 こ
(2) 80 ÷ 7 = 11 まい …3 まい
(3) 63 ÷ 5 = 12 こ …3 こ

3 (1) 12 × 6 ÷ 7 = 10 こ …2 こ
(2) 12 × 5 ÷ 7 = 8 本 …4 本

4 (1) 85 ÷ 7 = 12…1，1 こ
(2) 7 − 1 = 6 こ

第8回 わり算（3）

1 (1) 205　(2) 267

2 (1) 38 人　(2) 24 人　(3) 49 本

3 (1) 31 日　(2) 60 人

4 (1) 420 円　(2) 25 こ

▶わり算の文章題です。わられる数が3けたになって
もわり算の方法は変わりません。

2 (1) 304 ÷ 8 = 38 人
(2) 168 ÷ 7 = 24 人
(3) 245 ÷ 5 = 49 本

3 (1) 279 ÷ 9 = 31 日
(2) 5 × 24 ÷ 2 = 60 人

4 (1) 15 × 28 = 420 円
(2) (1000 − 130 − 420) ÷ 18 = 25 こ

第9回

わり算 (4) ⬇ ······················· ●問題 19 ページ

1 (1) 162…2 (2) 173…2

2 (1) 39 たば, あまり 1 まい

　(2) 21 人, あまり 3 こ

　(3) 12 人, あまり 2 こ

3 (1) 43 人 (2) 25 人, あまり 5 まい

4 (1) 26 ふくろ (2) 4 こ

▶わり算のあまりのある文章題です。難しい問題では, 図などをかいてチャレンジしてください。

2 (1) 235 ÷ 6 = 39 たば …1 まい
　(2) 150 ÷ 7 = 21 人 …3 こ
　(3) 110 ÷ 9 = 12 人 …2 こ

3 (1) (347 − 3) ÷ 8 = 43 人
　(2) 12 × 15 ÷ 7 = 25 人 …5 まい

4 (1) (160 − 4) ÷ 6 = 26 ふくろ
　(2) 160 ÷ 12 = 13…4, 4 こ

第10回

かくにんテスト (第6〜9回) ⬇ ·········· ●問題 21 ページ

1 (1) 19 まい (2) 13 本 (3) 20 人 (4) 56 本

　(5) 29 こ

2 (1) 13 人, あまり 1 こ (2) 31 こ, あまり 2 こ

3 (1) 22 人 (2) 9 人, あまり 3 まい

▶わり算のかくにんテストです。A ÷ B = C あまり D → A = B × C + D であることは大切なので, 忘れないようにしてください。

1 (1) 76 ÷ 4 = 19 まい (2) 65 ÷ 5 = 13 本
　(3) 120 ÷ 6 = 20 人 (4) 336 ÷ 6 = 56 本
　(5) 232 ÷ 8 = 29 こ

2 (1) 40 ÷ 3 = 13 人 …1 こ (2) 250 ÷ 8 = 31 こ …2 こ

3 (1) (160 − 6) ÷ 7 = 22 人
　(2) 15 × 5 ÷ 8 = 9 人 …3 まい

第11回

わり算 (5) ⬇ ······················· ●問題 23 ページ

1 (1) 8 (2) 4 (3) 8 (4) 7

2 (1) 30 人 (2) 6 人 (3) 8 本

3 (1) 8 人, あまり 20 まい (2) 23 日

4 (1) 4 本 (2) 4 こ

▶わり算の文章題です。240 ÷ 40 の計算は, 九九と同じように 24 ÷ 4 をすればよいでしょう。

2 (1) 300 ÷ 10 = 30 人
　(2) 120 ÷ 20 = 6 人
　(3) 240 ÷ 30 = 8 本

3 (1) 500 ÷ 60 = 8 人 …20 まい
　(2) 450 ÷ 20 = 22 日…10 ページ, 22 + 1 = 23 日

4 (1) 240 ÷ 60 = 4 本
　(2) 3200 ÷ 800 = 4 こ

第12回

わり算 (6) ⬇ ······················· ●問題 25 ページ

1 (1) 5 (2) 28

2 (1) 8 こ (2) 10 まい (3) 37 こ

3 (1) 32 (2) 20 こ

4 (1) 156 まい (2) 13 人

▶2 けたでわるわり算の問題です。2 けたでわるわり算は商をなかなか立てられませんが, あせらず見守ってください。

2 (1) 96 ÷ 12 = 8 こ
　(2) 250 ÷ 25 = 10 まい
　(3) 592 ÷ 16 = 37 こ

3 (1) 52 × 8 ÷ 13 = 32
　(2) 24 × 10 ÷ 12 = 20 こ

4 (1) 160 − 4 = 156 まい
　(2) 156 ÷ 12 = 13 人

第13回 わり算 (7) ⬇ ●問題 27 ページ

1 (1) 3…21 (2) 22…29

2 (1) 5 こ，あまり 8 こ

(2) 23 まい，あまり 15 まい

(3) 6 本，あまり 16 本

3 (1) 5 こ，あまり 2 こ (2) 11 本，あまり 4 本

4 (1) 32 こ (2) 18 こ

▶わり算のあまりのある問題です。あまりはわる数より小さい数 (あまり<わる数) になることに注意しましょう。

2 (1) $83 ÷ 15 = 5$ こ…8 こ
(2) $406 ÷ 17 = 23$ まい…15 まい
(3) $160 ÷ 24 = 6$ 本…16 本

3 (1) $12 × 6 ÷ 14 = 5$ こ…2 こ
(2) $12 × 15 ÷ 16 = 11$ 本…4 本

4 (1) $(840 − 8) ÷ 26 = 32$ こ
(2) $26 − 8 = 18$ こ

第14回 わり算 (8) ⬇ ●問題 29 ページ

1 (1) 420 (2) 228…3

2 (1) 41 たば，あまり 24 まい

(2) 266 人，あまり 8 こ

(3) 103 人，あまり 5 こ

3 (1) 101 人 (2) 71 人，あまり 6 まい

4 (1) 40 ページ (2) 29 日

▶わり算のあまりのある文章題です。わられる数が 4 けたになっても求め方は同じです。じっくり取り組みましょう。

2 (1) $1500 ÷ 36 = 41$ こ…24 まい
(2) $3200 ÷ 12 = 266$ 人…8 こ
(3) $1550 ÷ 15 = 103$ 人…5 こ

3 (1) $(2430 − 6) ÷ 24 = 101$ 人
(2) $25 × 40 ÷ 14 = 71$ 人…6 まい

4 (1) $320 × 4 ÷ 32 = 40$ ページ
(2) $50 × 24 = 1200$ ページ，
$(320 × 4 − 1200) ÷ 16 = 5$ 日，$24 + 5 = 29$ 日

第15回 かくにんテスト (第 11 ～ 14 回) ⬇ ●問題 31 ページ

1 (1) 6 こ (2) 13 まい (3) 16 こ (4) 12 本

(5) 30 本

2 (1) 25 こ，あまり 10 こ (2) 16 人，あまり 5 こ

3 (1) 20 人 (2) 8 人，あまり 4 まい

▶わり算のかくにんテストです。2 けたでわるわり算は大切ですので，商がすばやく立てられるように練習してください。

1 (1) $90 ÷ 15 = 6$ こ (2) $234 ÷ 18 = 13$ まい
(3) $576 ÷ 36 = 16$ こ (4) $168 ÷ 14 = 12$ 本
(5) $360 ÷ 12 = 30$ 本

2 (1) $335 ÷ 13 = 25$ こ…10 こ
(2) $245 ÷ 15 = 16$ 人…5 こ

3 (1) $(370 − 10) ÷ 18 = 20$ 人
(2) $12 × 15 ÷ 22 = 8$ 人…4 まい

第16回 小数 (1) ⬇ ●問題 33 ページ

1 (1) 3, 1, 4 (2) 314 (3) 0.3 (4) 4.56

(5) 2.84 (6) 3.27 (7) 10.35

2 (1) 4.63m (2) 5.51kg

3 (1) 40.03kg (2) 6.63kg

▶小数の文章題です。小数のたし算とひき算の計算は，小数点をそろえて整数のときと同じように計算します。

1 (3) × 0.30 → ○ 0.3
※小数点以下の数で最後が 0 の場合，この 0 は書かない決まりです (詳しくは中学数学で扱います)。

2 (1) $2.78 + 1.85 = 4.63$m
(2) $4.86 + 0.65 = 5.51$kg

3 (1) $35.2 + 4.83 = 40.03$kg
(2) $40.03 − (26.5 + 6.9) = 6.63$kg

第17回 小数 (2) ⬇ ·· ●問題 35 ページ

1 (1) 17.15　(2) 408.2

2 (1) 10kg　(2) 441cm　(3) 63.84kg

3 (1) 441km　(2) 3117 円

4 (1) 186m　(2) 892.8kg

▶小数のかけ算の問題です。整数のかけ算と同じようにして，小数点をそのまま答えのところにおろして計算します。

2 (1) 1.25 × 8 = 10kg
　(2) 24.5 × 18 = 441cm
　(3) 2.28 × 28 = 63.84kg

3 (1) 12.6 × 35 = 441km
　(2) 150 × 11.6 + 90 × 15.3 = 3117 円

4 (1) 12.4 × 15 = 186m
　(2) 4.8 × 186 = 892.8kg

第18回 小数 (3) ⬇ ·· ●問題 37 ページ

1 (1) 0.7　(2) 0.019

2 (1) 24.8cm　(2) 55.5g　(3) 8.7kg

3 (1) 4.1km　(2) 3.6L

4 (1) 49.7　(2) 9.94

▶小数のわり算の問題です。整数のかけ算と同じようにして，小数点をそのまま答えのところに上げて計算します。

2 (1) 99.2 ÷ 4 = 24.8cm
　(2) 777 ÷ 14 = 55.5g
　(3) 217.5 ÷ 25 = 8.7kg

3 (1) 12.3 ÷ 3 = 4.1km
　(2) 43.2 ÷ 12 = 3.6L

4 (1) 248.5 ÷ 5 = 49.7
　(2) 49.7 ÷ 5 = 9.94

第19回 小数 (4) ⬇ ·· ●問題 39 ページ

1 (1) 9.6···0.3　(2) 1.2···1.5

2 (1) 0.45　(2) 2.35

3 (1) 4 本，あまり 4.8cm

　(2) 10 こ，あまり 1.2kg

　(3) 26.44cm　(4) 8.35km

4 (1) 1.3g　(2) 75g

▶小数のわり算の問題です。あまりのある計算は，商とあまりの小数点を打つところに気をつけましょう。

3 (1) 56.8 ÷ 13 = 4 本 ···4.8cm
　(2) 31.2 ÷ 3 = 10 こ ···1.2kg
　(3) 132.2 ÷ 5 = 26.44cm
　(4) 33.4 ÷ 4 = 8.35km

4 (1) (124.4 − 107.5) ÷ (38 − 25) = 1.3g
　(2) 107.5 − 25 × 1.3 = 75g
　　※【別解】124.4 − 38 × 1.3 = 75g

第20回 かくにんテスト (第 16 ～ 19 回) ⬇ ············· ●問題 41 ページ

1 (1) 1.63m　(2) 5.51kg　(3) 13.5kg

　(4) 1545.6cm　(5) 13.6kg

2 (1) 2.6kg　(2) 627.2km

3 (1) 2.24L　(2) 7 まい，あまり 2.2kg

▶小数のかけ算，わり算などのかくにんテストです。商やあまりの小数点を打つところに気をつけましょう。

1 (1) 3.38 − 1.75 = 1.63m
　(2) 4.86 + 0.65 = 5.51kg
　(3) 2.25 × 6 = 13.5kg
　(4) 64.4 × 24 = 1545.6cm
　(5) 0.85 × 16 = 13.6kg

2 (1) 62.4 ÷ 24 = 2.6kg
　(2) 14 × 44.8 = 627.2km

3 (1) 33.6 ÷ 15 = 2.24L
　(2) 30.2 ÷ 4 = 7 まい ···2.2kg

第21回 分数 (1) ⬇ ·········●問題43ページ

1 (1) $1\frac{2}{9}$ (2) 4

2 (1) $1\frac{5}{8}$ kg (2) $4\frac{3}{4}$ m (3) 4kg

3 (1) $6\frac{6}{11}$ m (2) $7\frac{4}{7}$ kg

4 (1) $1\frac{1}{5}$ L (2) 3L

▶分数のたし算の問題です。4年生では，1より大きい分数や3つの分数のたし算を扱います。

2 (1) $1\frac{3}{8} + \frac{2}{8} = 1\frac{5}{8}$ kg

※整数と真分数（＝分子が分母より小さい分数）で表す分数を「帯分数」という。

(2) $3\frac{2}{4} + 1\frac{1}{4} = 4\frac{3}{4}$ m

(3) $\frac{2}{9} + 3\frac{7}{9} = 4$ kg

3 (1) $2\frac{4}{11} + 2\frac{4}{11} + 1\frac{9}{11} = 6\frac{6}{11}$ m

(2) $1\frac{2}{7} + 2\frac{4}{7} + 3\frac{5}{7} = 7\frac{4}{7}$ kg

4 (1) $\frac{2}{5} + \frac{4}{5} = 1\frac{1}{5}$ L (2) $1\frac{1}{5} + 1\frac{4}{5} = 3$ L

第22回 分数 (2) ⬇ ·········●問題45ページ

1 (1) $\frac{4}{9}$ (2) $1\frac{3}{8}$

2 (1) $\frac{1}{8}$ kg (2) $3\frac{5}{9}$ kg (3) $4\frac{1}{5}$ m

3 (1) $3\frac{11}{13}$ m (2) $5\frac{5}{7}$ kg

4 (1) $\frac{4}{6}$, 2 (2) $\frac{30}{45}$

▶**1**～**3**は分数のひき算です。**4**は分母と分子の差に着目する問題。分子と分母に同じ数をかけても大きさが変わらないことに着目して考えましょう。

2 (1) $1\frac{3}{8} - 1\frac{2}{8} = \frac{1}{8}$ kg (2) $3\frac{7}{9} - \frac{2}{9} = 3\frac{5}{9}$ kg

(3) $4\frac{3}{5} - \frac{2}{5} = 4\frac{1}{5}$ m

3 (1) $2\frac{3}{13} + 2\frac{3}{13} - \frac{8}{13} = 3\frac{11}{13}$ m

(2) $12 - 2\frac{4}{7} - 3\frac{5}{7} = 5\frac{5}{7}$ kg

4 (1) $\frac{2\times2}{3\times2} = \frac{4}{6}$, 6-4=2

(2) 分子と分母の差を両方にかけて，

$\frac{2\times15}{3\times15} = \frac{30}{45}$

第23回 割合 (1) ⬇ ·········●問題47ページ

1 (1) 3倍 (2) 2.5倍 (3) 1.8倍 (4) 2 (5) 1.8

(6) 1.6

2 (1) 150 (2) 45 (3) 43.2

3 (1) 70円 (2) 8.1cm

▶割合の問題です。割合は，今後の学習で最も重要なものの1つです。復習しておいてください。

1 (1) 300÷100 = 3倍

(2) 250÷100 = 2.5倍

(3) 27÷15 = 1.8倍 (4) 200÷100 = 2

(5) 180÷100 = 1.8 (6) 40÷25 = 1.6

2 (1) 50×3 = 150 (2) 18×2.5 = 45

(3) 54×0.8 = 43.2

3 (1) 280÷4 = 70円 (2) 24.3÷3 = 8.1cm

第24回 割合 (2) ⬇ ·········●問題49ページ

1 (1) 1.5倍 (2) 2.8倍 (3) 48 (4) 48 (5) 20

(6) 18.1

2 (1) 48cm (2) 13.8cm

3 (1) 4 (2) 0.25倍

▶割合の問題です。割合では「もとにする量＝くらべる量÷割合」の式と，小数のわり算が大切です。

1 (1) 4.5÷3 = 1.5倍 (2) 42÷15 = 2.8倍

(3) 12×4 = 48 (4) 20×2.4 = 48

(5) 120÷6 = 20 (6) 72.4÷4 = 18.1

2 (1) 40×1.2 = 48cm (2) 41.4÷3 = 13.8cm

3 (1) 1200÷300 = 4 (2) 300÷1200 = 0.25倍

第25回 かくにんテスト（第21〜24回）⬇ ················· ●問題 51 ページ

1 (1) $3\frac{2}{7}$ kg　(2) $5\frac{1}{5}$ m　(3) $4\frac{1}{9}$ kg　(4) $2\frac{3}{4}$ m

2 (1) 1.2 倍　(2) 20　(3) 10.9

3 (1) 63cm　(2) 10.2cm

▶分数と割合のかくにんテストです。割合の問題は今後もよく出てきますので、練習しておきましょう。

1 (1) $2\frac{6}{7} + \frac{3}{7} = 3\frac{2}{7}$ kg　(2) $3\frac{4}{5} + 1\frac{2}{5} = 5\frac{1}{5}$ m

(3) $4\frac{5}{9} - \frac{4}{9} = 4\frac{1}{9}$ kg　(4) $3\frac{1}{4} - \frac{2}{4} = 2\frac{3}{4}$ m

2 (1) $19.2 \div 16 = 1.2$ 倍　(2) $25 \times 0.8 = 20$

(3) $32.7 \div 3 = 10.9$

3 (1) $45 \times 1.4 = 63$cm　(2) $40.8 \div 4 = 10.2$cm

第26回 角度 (1) ⬇ ····························· ●問題 53 ページ

1 (1) 70 度　(2) 285 度　(3) 70 度　(4) 75 度

2 (1) 60 度　(2) 75 度

3 (1) 48 度　(2) 107 度

▶角度の問題です。直角は 90 度、直線は 180 度、1 回転した角の大きさは 360 度です。

1 (1) $180 - 110 = 70$ 度　(2) $360 - 75 = 285$ 度

(3) ※向かい合う角（＝対頂角）は等しい（下図）

(4) $140 - 65 = 75$ 度

2 (2) $180 - 45 - 60 = 75$ 度

3 (1) $180 - 132 = 48$ 度

(2) $360 - 48 - 205 = 107$ 度

第27回 角度 (2) ⬇ ····························· ●問題 55 ページ

1 (1) 110 度　(2) 72 度　(3) 74 度　(4) 57 度

2 (1) 52 度　(2) 107 度

3 (1) 38 度　(2) 142 度

▶平行な 2 本の直線に別の直線が交わると、角度の等しい角（同位角、錯角など）が生じます。それぞれ名前も覚えましょう。

1 (1) $180 - 70 = 110$ 度　(4) $180 - 75 - 48 = 57$ 度

2 (2) $52 + 55 = 107$ 度

3 (1) $82 - 44 = 38$ 度　(2) $180 - 38 = 142$ 度

第28回 三角形 (1) ⬇ ··························· ●問題 57 ページ

1 (1) 30 度　(2) 27 度　(3) 123 度

2 (1) 44 度　(2) 96 度

3 (1) 30 度　(2) 150 度

▶三角形の角度の問題では、内角の和が 180 度であることを応用して考えることが大切です。

1 (3) $58 + 65 = 123$ 度

2 (1) $(180 - 92) \div 2 = 44$ 度　(2) $180 - 42 \times 2 = 96$ 度

3 (1) $90 - 60 = 30$ 度

(2) 正三角形と正方形の 1 辺の長さが等しいので、三角形 BAE と CDE は二等辺三角形。

$(180 - 30) \div 2 = 75$ 度、

$360 - 75 \times 2 - 60 = 150$ 度

第29回 三角形 (2) ⬇ ··························· ●問題 59 ページ

1 (1) 45 度　(2) 15 度

2 (1) 21 度　(2) 68 度

3 (1) 45 度　(2) 30 度　(3) 75 度

4 (1) 48 度　(2) 108 度

▶三角形の先取り問題です。**4** は二等辺三角形の性質などを使うと解けます。チャレンジしてみてください。

1 (1) $90 \div 2 = 45$ 度　(2) $45 - 30 = 15$ 度

2 (1) $180 - 78 - 35 = 67$ 度、$67 - 46 = 21$ 度

(2) $180 - 21 - 56 = 103$ 度、$103 - 35 = 68$ 度

3 (2) $90 - 60 = 30$ 度　(3) $30 + 45 = 75$ 度

4 (1) $180 - (180 - 24 \times 2) = 48$ 度

(2) $180 - 48 \times 2 = 84$、$180 - (24 + 84) = 72$、

$180 - 72 = 108$ 度

※三角形 BCD も二等辺三角形。

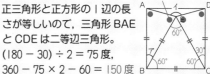

答え　㉕ 〜 ㉙ 小学4年の図形と文章題

第30回 かくにんテスト（第26～29回）⬇

●問題61ページ

1 (1) 288度　(2) 78度　(3) 112度　(4) 61度

2 (1) 25度　(2) 121度

3 (1) 21度　(2) 49度

▶角度と三角形のかくにんテストです。三角形の内角の和は180°であることを応用しながら解きましょう。

1 (1) 360 − 72 = 288度　(2) 142 − 64 = 78度
　(3) 180 − 68 = 112度　(4) 180 − 73 − 46 = 61度

2 (1) 180 − 74 − 81 = 25度
　(2) 53 + 68 = 121度

3 (1) 180 − 56 − 32 = 92度, 92 − 71 = 21度
　(2) 180 − 21 − 78 = 81度, 81 − 32 = 49度

第31回 四角形（1）⬇

●問題63ページ

1 (1) 12cm　(2) 20cm　(3) 18cm　(4) 32cm

　(5) 15cm　(6) 16cm

2 (1) 52cm　(2) 46cm

3 (1) 21cm　(2) 13cm

▶四角形の問題です。ここでは正方形，長方形の性質を確認してください。

1 (1) 3 × 4 = 12cm　(2) 5 × 4 = 20cm
　(3) (4 + 5) × 2 = 18cm　(4) (7 + 9) × 2 = 32cm
　(5) 60 ÷ 4 = 15cm
　(6) 50 ÷ 2 = 25cm, 25 − 9 = 16cm

2 (1) 10 + 6 = 16, (16 + 10) × 2 = 52cm
　【別解】10 × 3 + 6 × 3 + (10 − 4) = 52cm
　(2) (5 + 8 + 8 + 2) × 2 = 46cm

3 (1) 42 ÷ 2 = 21cm　(2) (21 + 5) ÷ 2 = 13cm

第32回 四角形（2）⬇

●問題65ページ

1 (1) 71度　(2) 35度

2 (1) 84度　(2) 48度

3 (1) ×　(2) ○　(3) ×　(4) ×

4 (1) 70度　(2) 55度

▶四角形の問題です。ここでは，平行四辺形，ひし形，台形の性質を確認してください。

1 (2) 180 − 71 = 109度,
　109 − 74 = 35度

2 (1) 42 × 2 = 84度
　(2) 90 − 42 = 48度

4 (1) 180 − 110 = 70度
　※ ED を右側に延長。
　(2) (180 − 70) ÷ 2 = 55,
　180 − 70 − 55 = 55度

【平行四辺形の性質】
◎2 組の対辺は等しい。
◎2 組の対角は等しい。

第33回 面積（1）⬇

●問題67ページ

1 (1) 16cm²　(2) 24cm²　(3) 5cm　(4) 6cm

　(5) 81cm²　(6) 91cm²

2 (1) 136cm²　(2) 86cm²

3 (1) 40cm　(2) 68cm²

▶面積の問題です。新しい単位 cm² が出てきました。cm × cm = cm² です。覚えておきましょう。

1 (1) 4 × 4 = 16cm²　(2) 4 × 6 = 24cm²
　(3) 5 × 5 = 25, 5cm　(4) 24 ÷ 4 = 6cm
　(5) 36 ÷ 4 = 9cm, 9 × 9 = 81cm²
　(6) 40 ÷ 2 = 20cm, 20 − 7 = 13cm, 7 × 13 = 91cm²

2 (1) 小さい正方形の 1 辺の長さ
　は，(16 − 4) ÷ 2 = 6cm,
　大きい正方形の 1 辺の長さ
　は，4 + 6 = 10cm
　10 × 10 + 6 × 6 = 136cm²

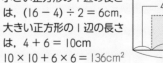

　(2) 10 × 15 = 150, 150 − 8 × 8 = 86cm²

3 (1) (6 + 2 + 8 + 4) × 2 = 40cm
　(2) (6 + 2) × (8 + 4) − 4 × (8 − 4) − 2 × (12 − 6) = 68cm²

第34回 面積 (2) ⬇ ....●問題69ページ

1 (1) 72cm²　(2) 41cm²

　　(3) 96cm²　(4) 250cm²

2 (1) 70m²　(2) 260m²

3 (1) 64cm²　(2) 305cm²

▶面積の問題です。今回は，正方形や長方形を組み合わせた複合図形を学習しました。
1 (1) $9 \times 9 - 3 \times 3 = 72cm^2$
　(2) $6 \times 9 - 2 \times 2 - 3 \times 3 = 41cm^2$
　(3) $12 \times 12 - (4 \times 4 \times 3) = 96cm^2$
　(4) $15 \times 20 - 5 \times (20 - 5 - 5) = 250cm^2$
2 (1) $2 \times 15 + 2 \times (22 - 2) = 70m^2$
　(2) $(15 - 2) \times (22 - 2) = 260m^2$
3 (1) $13 - 5 = 8$ なので，$8 \times 8 = 64cm^2$
　(2) $13 \times 13 + 10 \times 20 - 64 = 305cm^2$

第35回 かくにんテスト (第31〜34回) ⬇ ......●問題71ページ

1 (1) 16cm　(2) 24cm　(3) 18cm　(4) 29度

　　(5) 47度

2 (1) 64cm²　(2) 77cm²　(3) 7cm

3 (1) 9cm²　(2) 32cm²

▶面積の問題のかくにんテストです。今回は，面積など大切な単元を学習しました。復習をしておいてください。
1 (1) $4 \times 4 = 16cm$　(2) $(5 + 7) \times 2 = 24cm$
　(3) $72 \div 4 = 18cm$
　(4) $180 - 78 - 73 = 29$度
　(5) $90 - 43 = 47$度
2 (1) $8 \times 8 = 64cm^2$　(2) $7 \times 11 = 77cm^2$
　(3) $7 \times 7 = 49$，　7cm
3 (1) $5 - 2 = 3$ なので，$3 \times 3 = 9cm^2$
　(2) $5 \times 5 + 4 \times 4 - 9 = 32cm^2$

第36回 面積 (3) ⬇ ....●問題73ページ

1 (1) 100　(2) 10000　(3) 100　(4) 1000000

　　(5) 100　(6) 2500　(7) 3　(8) 6500

2 (1) 25a　(2) 25ha　(3) 18a　(4) 18ha

3 (1) 2000ha　(2) 20km²

▶面積の問題です。面積の単位については，1a ＝ 10m × 10m，1ha ＝ 100m × 100m，1km² ＝ 1000m × 1000m です。0 の数に注意しましょう。
1 (2) $100 \times 100 = 10000$　(4) $1000 \times 1000 = 1000000$
　(6) $25 \times 100 = 2500$　(7) $30000 \div 10000 = 3$
　(8) $65 \times 100 = 6500$
2 (1) $50 \times 50 = 2500$，$2500 \div 100 = 25a$
　(2) $500 \times 500 = 250000$，$250000 \div 10000 = 25ha$
　(3) $30 \times 60 = 1800$，$1800 \div 100 = 18a$
　(4) $300 \times 600 = 180000$，$180000 \div 10000 = 18ha$
3 (1) $4000 \times 5000 = 20000000$，
　　$20000000 \div 10000 = 2000ha$
　(2) $20000000 \div 1000000 = 20km^2$

第37回 直方体と立方体 (1) ⬇ ....●問題75ページ

1 (1) 12, 8, 6　(2) 12, 8, 6　(3) 2, 3

2 (1) 84cm　(2) 84cm

3 (1) 216cm²　(2) 94cm²

4 (1) 10　(2) 5cm

▶直方体と立方体の問題です。**4** (1) は直方体や立方体であれば成り立ちます。いろんな直方体や立方体で試してみてください。
2 (1) $7 \times 12 = 84cm$
　(2) $(5 + 7 + 9) \times 4 = 84cm$
3 (1) $6 \times 6 \times 6 = 216cm^2$
　(2) $(3 \times 4 + 4 \times 5 + 5 \times 3) \times 2 = 94cm^2$
4 (1) $12 + 6 - 8 = 10$
　(2) $(4 + 7 + \square) \times 4 = 64$，$\square = 5cm$

第38回 直方体と立方体 (2) ⬇ ·········· ●問題77ページ

1 ア，ウ，カ，キ

2 (1) 44cm (2) 48cm

3 (1) 4cm (2) 72cm

▶直方体と立方体の展開図の問題です。平面図形から立体図形を想像することで立体感覚が身につきます。

2 (1) $(2 + 3 + 6) × 4 = 44$cm
   (2) $12 ÷ 3 = 4$,　$4 × 12 = 48$cm

3 (1) $13 - 9 = 4$cm
   (2) $(4 + 5 + 9) × 4 = 72$cm

第39回 直方体と立方体 (3) ⬇ ·········· ●問題79ページ

1 (1) ③ (2) ① (3) 135cm (4) 155cm

2 (1) 5cm (2) 60cm

3 (1) A (2) 13cm

▶直方体と立方体の問題です。立体にリボンをかける問題は，見えない部分を想像してください。

1 (3) $15 × 8 + 15 = 135$cm
   (4) $15 × 4 + 20 × 4 + 15 = 155$cm

2 (1) $12 - 7 = 5$cm
   (2) $8 - 5 = 3$,　※右図参照
      $(5 + 3 + 7) × 4 = 60$cm

3 (2) $3 + 5 + 5 = 13$cm

第40回 かくにんテスト (第36〜39回) ⬇ ·········· ●問題81ページ

1 (1) 1500 (2) 3000 (3) 2500 (4) 3 (5) 6500
   (6) 150cm² (7) 162cm²

2 (1) 60cm (2) 72cm

3 (1) 175cm (2) 255cm

▶面積と直方体，立方体のかくにんテストです。面積の単位は普段なじみがないので，くり返し復習しておいてください。

1 (1) $15 × 100 = 1500$m² (2) $0.3 × 10000 = 3000$m²
   (3) $25 × 100 = 2500$a (4) $30000 ÷ 10000 = 3$ha
   (5) $65 × 100 = 6500$a (6) $5 × 5 × 6 = 150$cm²
   (7) $(3 × 6 + 6 × 7 + 7 × 3) × 2 = 162$cm²

2 (1) $(3 + 4 + 8) × 4 = 60$cm
   (2) $24 ÷ 4 = 6$,　$6 × 12 = 72$cm

3 (1) $20 × 8 + 15 = 175$cm
   (2) $20 × 4 + 40 × 4 + 15 = 255$cm

第41回 図形 (1) ⬇ ·········· ●問題83ページ

1 (1) 高さ (2) 32cm² (3) 72cm² (4) 54cm²

2 (1) 4cm (2) 8cm

3 (1) 96cm² (2) 9.6cm

▶平行四辺形の面積の問題です。公式を使えるだけでなく，公式を導けるようにもなりましょう。

1 (2) $8 × 4 = 32$cm² (3) $12 × 6 = 72$cm²
   (4) $9 × 6 = 54$cm²

2 (1) $32 ÷ 8 = 4$cm (2) $48 ÷ 6 = 8$cm

3 (1) $12 × 8 = 96$cm² (2) $96 ÷ 10 = 9.6$cm

第42回 図形 (2) ⬇ ·········· ●問題85ページ

1 (1) 高さ，下底，高さ，2 (2) 25cm² (3) 33cm²

2 (1) 8cm (2) 14cm

3 (1) 70cm² (2) 7cm

▶台形の面積の問題です。台形の面積は，公式を使えるだけでなく，公式の求め方も理解しましょう。

1 (2) $(4 + 6) × 5 ÷ 2 = 25$cm²
   (3) $(3 + 8) × 6 ÷ 2 = 33$cm²

2 (1) $(4 + 6) × □ ÷ 2 = 40$,　$□ = 8$cm
   (2) $(4 + □) × 5 ÷ 2 = 45$,　$□ = 14$cm

3 (1) $5 × 14 = 70$cm²
   (2) AEの長さを□とすると，
      $(□ + 8) × 14 ÷ 2 = 70$,　$□ = 2$cm,
      $2 + 5 = 7$cm

第43回 図形 (3) ⬇ ●問題 87 ページ

1 (1) 高さ，高さ，2　(2) 20cm²　(3) 54cm²

2 (1) 10cm　(2) 10cm

3 (1) 54cm²　(2) 7.2cm

▶三角形の面積の問題です。三角形の面積は，公式を使えるだけでなく，公式の求め方も理解しましょう。
1 (2) 8 × 5 ÷ 2 = 20cm²　(3) 12 × 9 ÷ 2 = 54cm²
2 (1) 20 × 2 ÷ 4 = 10cm　(2) 25 × 2 ÷ 5 = 10cm
3 (1) 12 × 9 ÷ 2 = 54cm²　(2) 54 × 2 ÷ 15 = 7.2cm

第44回 図形 (4) ⬇ ●問題 89 ページ

1 (1) 2　(2) 20cm²　(3) 36cm²

2 (1) 6cm　(2) 12cm

3 (1) 100cm²　(2) 25cm²

▶ひし形の面積の問題です。ひし形の面積は，公式を使えるだけでなく，公式の求め方も理解しましょう。
1 (2) 8 × 5 ÷ 2 = 20cm²　(3) 6 × 12 ÷ 2 = 36cm²
2 (1) 24 × 2 ÷ 8 = 6cm　(2) 54 × 2 ÷ 9 = 12cm
3 (1) 10 × 10 = 100cm²　※ひし形 (→ 1辺が 10cm の正方形) にして考える。
(2) 100 ÷ 4 = 25cm²

第45回 かくにんテスト (第 41 ～ 44 回) ⬇ ●問題 91 ページ

1 (1) 42cm²　(2) 30cm²　(3) 36cm²　(4) 48cm²
(5) 75cm²　(6) 104cm²

2 (1) 6.4cm　(2) 8cm　(3) 12cm

3 (1) 36cm²　(2) 60cm²

▶図形に関するかくにんテストです。中学入試などでも面積の問題は大切ですので，復習しておいてください。
1 (1) 7 × 6 = 42cm²　(2) (6 + 9) × 4 ÷ 2 = 30cm²
(3) (5+7)×6÷2 = 36cm²　(4) 12×8÷2 = 48cm²
(5) 15×10÷2 = 75cm²　(6) 13×16÷2 = 104cm²
2 (1) 21 × 2 ÷ 5 - 2 = 6.4cm
(2) 24 × 2 ÷ 6 = 8cm　(3) 42 × 2 ÷ 7 = 12cm
3 (1) 9 × 8 ÷ 2 = 36cm²
(2) 4 × 12 ÷ 2 = 24,　36 + 24 = 60cm²

第46回 4 年生のまとめ (1) ⬇ ●問題 93 ページ

1 (1) 16 まい　(2) 14 本　(3) 41 本
(4) 34 こ　(5) 9 こ

2 (1) 9 人　(2) 16

3 (1) 25 まい，あまり 10 まい　(2) 5 こ，あまり 15 こ

▶わり算に関する復習です。2けたでわったり，あまりを求める計算方法をしっかりできるようにしておきましょう。
1 (1) 96 ÷ 6 = 16 まい　(2) 70 ÷ 5 = 14 本
(3) 246 ÷ 6 = 41 本　(4) 238 ÷ 7 = 34 こ
(5) 108 ÷ 12 = 9 こ
2 (1) (164 - 11) ÷ 17 = 9 人
(2) 22 × 8 ÷ 11 = 16
3 (1) 410 ÷ 16 = 25 まい …10 まい
(2) 15 × 7 ÷ 18 = 5 こ …15 こ

第47回 4 年生のまとめ (2) ⬇ ●問題 95 ページ

1 (1) 6.13m　(2) 350.4cm　(3) 15.36kg
(4) 6 本，あまり 4.4cm　(5) 6.2kg

2 (1) $5\frac{1}{7}$ m　(2) $3\frac{6}{9}$ kg

3 (1) 27　(2) 90 円　(3) 28.1cm

▶小数，分数，割合の復習です。小数のわり算は重要になりますので，しっかり固めておきましょう。
1 (1) 3.18+2.95=6.13m　(2) 14.6 × 24=350.4cm
(3) 1.28×12=15.36kg　(4) 76.4÷12=6本…4.4cm
(5) 217 ÷ 35 = 6.2kg
2 (1) $3\frac{2}{7}+1\frac{6}{7}=5\frac{1}{7}$ m　(2) $4\frac{1}{9}-\frac{4}{9}=3\frac{6}{9}$ kg
※分数の約分は 5 年生で習います。
3 (1) 18 × 1.5 = 27　(2) 270 ÷ 3 = 90 円
(3) 84.3 ÷ 3 = 28.1cm

答 え 43 ～ 47 小学4年の図形と文章題

第48回 4年生のまとめ (3) ↓

●問題 97 ページ

1 (1) 108 度　(2) 122 度　(3) 35 度

　　(4) 49cm²　(5) 54cm²

2 (1) 208cm²　(2) 73cm²

3 (1) 216cm²　(2) 94cm²

▶平面図形の角度，面積と立体図形の復習です。どれも重要な単元になります。

1 (1) $180 - 72 = 108$ 度　(2) $54 + 68 = 122$ 度
　(3) $180 - 71 - 74 = 35$ 度
　(4) $7 \times 7 = 49$cm²　　(5) $6 \times 9 = 54$cm²

2 (1) $12 \times 12 + 8 \times 8 = 208$cm²
　(2) $(5 + 9) \times (9 + 2) - 9 \times 9 = 73$cm²

3 (1) $6 \times 6 \times 6 = 216$cm²
　(2) $(3 \times 4 + 4 \times 5 + 5 \times 3) \times 2 = 94$cm²

第49回 チャレンジ (1) ↓

●問題 99 ページ

1 ア：35 度　イ：75 度

2 ア：55 度　イ：47 度

3 (1) 3cm　(2) 7 まい

4 A：12　B：17

▶中学入試問題です。すべて 4 年生の知識で解けます。チャレンジしてみてください。

1 ア $(180 - 110) \div 2 = 35$，錯角より 35 度
　イ $180 - 110 = 70$，$180 - 70 - 35 = 75$ 度

2 ア $180 - (30 + 25) = 125$，$180 - 125 = 55$ 度
　イ $102 - 55 = 47$ 度
　※ 102°の角の頂点を通る，L と M に平行な直線をひく。

3 (1) $63 \div 39 = 1 \cdots 24$，$39 \div 24 = 1 \cdots 15$，$24 \div 15 = 1 \cdots 9$，
　$15 \div 9 = 1 \cdots 6$，$9 \div 6 = 1 \cdots 3$　3cm

4 A $10 + 7 + \bigcirc = 5 + A + \bigcirc$，$10 + 7 = 5 + A$，
　$10 + 7 - 5 = 12$
　B $10 + A + \triangle = 5 + B + \triangle$，$10 + 12 = 5 + B$，
　$10 + 12 - 5 = 17$

10	7	○
	A	
5	B	△

第50回 チャレンジ (2) ↓

●問題 101 ページ

1 12 こ

2 17 度

3 105 度

4 76 度

5 40 度

▶これで「リーダードリル 4 年」は終わりです。これからも楽しみながら中学入試問題にチャレンジしてみてください。

2 三角形 CEB，CDE は二等辺三角形です。
　E を通る，BC に平行な直線をひくと，
　$90 - 28 = 62$，$62 - 28 = 34$，
　$(180 - 34) \div 2 = 73$，
　$90 - 73 = 17$ 度

3 $90 + 60 = 150$，$(180 - 150) \div 2 = 15$，
　$60 \times 2 - 15 = 105$ 度

4 $\bullet + \times + 128 = 180$，$\bullet + \times = 52$，
　$(\bullet + \times) \times 2 = 52 \times 2 = 104$，
　$180 - 104 = 76$ 度

5 「外角」とは，多角形で，1 辺とそのとなりの辺の延長とにはさまれた角のことです。三角形の外角の性質も今後重要になってくるので，覚えておきましょう。
　三角形の外角の性質より，
　$80 + \bullet\bullet = \times\times$ であることから，
　$40 + \bullet = \times$ である。
　同様に，ア $+ \bullet = \times$ なので，ア $= 40$ 度

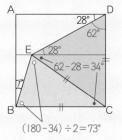

(180−34)÷2＝73°

【三角形の外角の性質】
三角形の外角は，その隣にない 2 つの内角の和に等しい。